非 常 经 纬

Extraoradinary Warp and Weft

织物设计工作室教学实录

编著：金英爱 阎秀杰 曲微微 高树立

广州美术学院工业设计学院
教学改革系列丛书

编委会

主　编：童慧明

副主编：陈 江 侯旻翡 丁 熊

编　委：（以姓氏笔画为序）

丁 敏　王 涛　邓海山

冯 树　刘 毅　余汉生

张兆梅　张 剑　陈嘉健

金英爱　段丽莎　高树立

梁 敏　温 浩　霍 康

广州美术学院
GUANGZHOU ACADEMY OF FINE ARTS

GAFA 广州美术学院
SCHOOL OF INNOVATION DESIGN
工业设计学院

织物设计工作室
KNITTED & WOVEN FABRIC
DESIGN STUDIO

序

接地气　Connecting "Di Chi"

"地气"，是中国"天人合一"传统智慧中一个内涵丰富的通俗词汇，泛指所有与人类物质、精神创造有关的动力均来自"大地之气"，地气包含了所有与生长有关的元素与养分。"接地气"，则意味着把保持时时刻刻脚踏实地，与地气接连作为成长准则，以获取源源不断的精气神与无尽的能量。

以"接地气"观念审视工业设计教育，更易领悟这个以"服务于制造业"为本分，属于"应用学科"范畴的重要专业，只有在与社会、产业的密切对接中方能获得无穷动力的本质。在此，"地气"是一种对当地产业特色的透彻认知，是对产业需求的精准理解，是随社会价值观进化、经济环境更迭而不断形成新的变革趋势时能够及早与时俱进。

过去几年来，经"金融海啸"后生存下来的中国制造业，已痛切体认到曾以"世界工厂"为特色、以单一的制造服务为主体的产业模式不仅不适应日益激烈的全球市场竞争。更令"中国制造"居于产业价值链的最底端，进而将"转变经济发展方式"为目标的"转型升级"设定为面向未来的变革主流。而"提升创新设计竞争力"则被政府与社会广泛认同为实现转型升级战略目标的主要途径。

珠江三角洲地区在实施"由经济驱动型社会向幸福驱动型社会转型"、"由中国制造向中国创造转型"、"由OEM模式向ODM、OBM模式升级"的战略规划与具体措施过程中，凸显了对创新设计人才更高的要求。来自产业界改革"通用型"工业设计教育模式的呼声日益高涨，企业渴求的是在工业设计专业平台上接受更深入的训练、更准确把握产业创新特点的"专才"，而不是"万金油"式的"人才"，要求设计院校必须根据自身的资源条件进行整合再造，以精准的专业定位、全面的专业训练提升设计学生的从业素质，满足产业转型对人才能力升级的需求。

秉承"接地气"——与产业变革需求对接的宗旨，广州美术学院于2010年末以"面向产业化的设计"为准则，整合了原设计学院的工业设计系、设计艺术学系、服装设计系、染织艺术设计系、家具设计专业的"四系一专业"教学与科研资源，创立了"广州美术学院工业设计学院（School of Innovation Design, Guangzhou Academy of Fine Arts，简称SID）"。为了与国际设计发展的最新趋势对接，SID的英文译名被设定为"创新设计（Innovation Design）"。

新的学院以"创新力"与"专业化"为核心目标，在充分认知珠三角产业结构特点与变革趋势前提下，清晰定位了自身的发展方向，把培养高质量的本科生、输出符合产业需求的"职业设计师"作为教学建设与改革的主要目标，强调"更加专业化适应产业变革，更富创新力输出原创设计"，于2011年初在本科教学层面启动了以"工作室制"与"课题制"为主要建设任务的"两制"改革，并以新架构、新模式、新方向来描绘SID面向未来的蓝图，希望在激发教师的产学研动力、吸纳产业创新资源、启动学生创造力、提升学术引导力等方面产生巨大的整合效应，引领华南地区的设计教育产生实质性变革。

依据设计教育的基本规律，在充分认知珠三角产业结构特征的前提下，SID以国际通行的设计教育系科架构为基准，结合现有体制下的专业名称内涵特点，将已有的教学资源整合为工业设计（Industrial Design）、服装设计（Fashion Design）、染织设计（Textile Design）三个板块，组建了5个教研室、12个工作室，共17个精干的基层教学单位。明确了每个教研室与工作室的教学任务与拓展目标，并把四年制本科教学任务分为两大阶段、三个层面设定：

1. 设计基础教学阶段

在一、二年级进行，由三个层面实施，分别为：

1）设计基础课程

属"通识性"设计课程，以"设计基础教研室"为主体，联合"设计理论教研室"在本科一年级进行，透过设计概论、设计史等以普世价值观为学术核心的设计类素养课程与图形构成、形态解析、色彩表达、空间构筑、设计简报等设计表达类课程的训练，令学生建立起对"设计学"的基本知识架构与能力，掌握各类设计表达手段与技能。

2）专业基础课程

属"专识性"设计课程，针对三个板块的专业特点，分别由"工业设计专业基础教研室"、"服装设计专业基础教研室"、"染织设计专业基础教研室"在本科二年级进行，侧重于符合各专业特点的设计效果图、工程图学、三维表达、模型制作、立体裁剪等专业表达类课程与材料、构造、工艺的专业基础知识课程以及专业概论、设计心理学、产业调研方法等专业理论课程。

二年级结束前，工业设计、染织设计两个板块的学生可根据对本专业领域的了解、个人兴趣与职业规划，自主选择进入三、四年级的"工作室制"教学阶段，服装设计板块的学生则直接进入原报读专业的工作室。

3）设计史论课程

属"理论性"设计课程，由"设计理论教研室"主导，在本科教学阶段每个年级教学中视知识架构的需要以必修课、选修课形式开设相关课程。除重点在一年级开出设计概论等设计类素养类课程外，还在二、三年级教学中陆续开出专业设计史（家具设计史、服装设计史等）、设计美学、市场学、设计管理等。

2. 专业工作室教学阶段

最能代表 SID 变革特点的，是在三、四年级开展的"工作室制"教学系统。设立每个工作室的依据，均以珠三角地区产业集群为基准，结合了教师在过去长期教学中已形成的经验积累、研究兴趣与专业所长而确定。这些工作室有：

1）工业设计板块

A. 工业设计工程工作室（Industrial Design Engineering Studio）

培养能够将科技知识与创新智慧融合为一，研发设计具有原创概念新产品的人才。产业对接与课题研究领域广泛，包括家用电器、数码产品、装备制造等，要求学生具有良好的理工知识基础。

B. 生活设计工作室（Live Design Studio）

训练学生具备独特的观察生活、发现问题、以富有文化内涵与美学精神的创想提出系统解决方案并努力付诸实施的能力，并在参与各类高水平国际设计竞赛中展现自己。对材质的关注以及可持续设计理念的支持，令工作室的课题研究可为家居产品、文具礼品等各类消费品产业带来无限的创新力。

C. 家具设计工作室（Furniture Design Studio）

与珠三角完善的家具制造产业链对接，培养具备国际化视野的，将最新设计趋势与企业的实施条件相结合、以较高造诣创新设计家具产品的职业设计师。能够较好地平衡功能、科技、美学与市场之间的关系，并具备娴熟的动手能力，是工作室尤为关注的人才素质。

D. 交通工具设计工作室（Mobility Design Studio）

力求与快速发展的珠三角汽车制造业创新需求同步，以较为完整的交通工具设计系统知识训练那些对创制新概念移动工具尤为热爱的学生，要求学生具有良好的理工知识基础，令他们可以对汽车产业的发展、科技突破的趋势具有前瞻认知，掌握专业化的表达创新设计的各种能力，成为企业欢迎的创新人才。

E. 交互设计工作室（Interaction Design Studio）

将 UCD（User Centered Design）作为新兴的交互设计知识体系核心，融合人机交互、信息技术、系统设计等知识领域的精髓，培养能够在消费产品的软硬件一体化创新设计、互联网产品的整体设计等方面的新型设计人才。

F. 公共与娱乐设计工作室（Public & Leisure Design Studio）

针对中国都市化快速发展而对公共场所提出的各类功

能性产品、大众娱乐活动用品的战略性需求，培养具有系统设计思想、理解城市功能、把握区域文化特色，能够以可持续发展的设计思想创新可用、易用的公共产品的专业设计师。

G. 整合饰品设计工作室（Integral Accessories Design Studio）

要求学生对时尚趋势具备敏捷的反应，能够以工业设计、可持续设计的系统知识与技能进行现代流行饰品、家居生活饰品的创新设计，并在品牌创建方面具备整合创新的能力。

除上述七个工作室外，拟创建"照明设计工作室（Lighting Design Studio）"，以培养从事环境照明与灯具设计的专门人才。

2）服装设计板块

H. 服装艺术设计工作室（Fashion Design Studio）

强调由艺术与文化角度浸染时尚品位，陶冶趋势嗅觉，通过各类课题的训练，令学生在认知服装产业特性、生产流程基础上，掌握创作各种用途、调性的服装创新设计能力与营造品牌的系统思维。

I. 服装设计工程工作室（Fashion Design Engineering Studio）

聚焦于成衣工业的创新需求，以系统化的服装生产专业知识武装学生，在以各类课题组合而成的研究式教学中，强调善用材料与构造创新，建立牢固的市场观念，培养在技能与视野上均能达到较高水准的职业服装设计师。

除上述两个工作室外，近期内还将创建"服饰配件设计工作室（Accessories Design Studio）"，培养专门从事包袋、鞋帽等服装周边时尚产业的创新设计人才。

3）染织设计板块

J. 家纺设计工作室（Home Textile Design Studio）

与珠三角完善的家纺产业密切对接，强调以系统化的

创新思维，在认知家纺制造生产工艺与市场趋势基础上，善用各类纤维材料创造家用纺织新产品，并以产、学、研合作平台提供的各类课题组织研究性教学，培养符合产业需求的职业家纺设计师。

K. 织物设计工作室（Knitted & Woven Fabric Design Studio）

专注基于传统与现代纤维织造技术的创新设计应用教学与研究，以工业设计的系统理论知识为指导，努力拓展以各类自然与人造纤维材料应用于编结、织造创新实验的新成果在消费生活、工业生产中的广泛应用，培养具有实验精神与务实态度的织物设计师。

L. 纤维艺术设计工作室（Fabric Design Art Studio）

应用各类纤维材料从事艺术陈设品、小规模定制产品的创作与设计，努力挖掘传统手工编织技艺的遗产，进行创意文化的传承，注重学生艺术个性与动手能力的养成，在完成各类课题创作过程中，强调市场拓展意识的建立，孕育能够从事独立创作与品牌运营的纤维艺术设计师。

这些工作室以"课题制"教学理念驱动教学与科研课题的组织与实施，以"干中学"为座右铭强化行动力，将"虚

题虚做、虚体实做、实题虚做、实题实做"作为自行设立课题、与产业合作设立课题的指针，并在推进过程中保持具有概念创新、实验意识、前瞻视野属性的课题与市场定向、技术先导、区域特色的课题之间的平衡，逐步让学生掌握如何将创新设计成果应用于商业化市场拓展的能力，建立知识产权意识、提升创新价值意识，为尔后的事业成长提供全面的、务实的能力养成训练。

以课题为主导的工作室教学，为构建开放式课堂提供了最佳平台。各工作室在把来自产业的创新设计课题植入教学过程时，同步置入了由合作企业选派的工程技术专家、市场营销专家、生产管理专家等各类教学资源，不仅将最鲜活的有用知识带入课堂，也让课题组师生在调研、考察生产现场与商品市场过程中掌握第一手信息，更加清晰地认知设计目标与条件，在各种限定因素下完成符合要求的设计成果，锤炼自身的设计实战能力。

在 SID "职业设计师"的培养框架内，解决产业的实际设计问题，仅只是能力目标的一个方面，而基于系统论的战略意识与思维方法，将由物品原理、消费行为、潜在需求的基础层面展开探索的"研究"，并借助工作室制、课题制在"更长的时间投入"、"更多的资源聚集"优势条件下，培养学生面向未来的研究能力，成为能力目标的另一方面。

接地气，并不意味着只"埋头拉车"，不"抬头看路"，只有对设计发展的新趋势、新方向保持敏锐的嗅觉，并将不断开拓的研究课题与成果付诸于产业实践，方能令接地气具有更高的质量与牢固度。为此，SID 依据珠三角创新设计发展的趋势与国际设计研究的前瞻视野，将"设计战略与管理"、"可持续设计"、"材料创新设计"、"服务设计"作为面向未来的四大设计研究高地，把相应的研究课题导入工作室的高年级教学，混入研究生，组成由工作室教师、研究生导师组成的课题导师组，带领"混合编队"的学生团队投入课题研究，在实施过程中促进本科生在精深课题研究能力上的提高。

SID 期望经过数年的建设，各教研室、工作室都能成为教学改革的创新者与排头兵，在探索新的产、学、研合作模式、跨专业整合资源、打造务实的学术平台等方面充分释放每位教师的潜力，聚合出一个个富有活力的教学科研团队，能够以宽广的国际化视野与资源整合实力独立策划、主持大型学术活动，发出具有独到观点的学术声音，并通过扎扎实实地倾注于每个课题、项目的耕耘所获得的成果累积，在各自关注的专业设计教学与研究领域里成为在国内外有影响力的强势团队，教师成为学有专攻、造诣丰厚的智者。

向着这个清晰的目标，SID 已在路上。

广州美术学院设计学院 院长 / 教授

随着人们对高品质生活的追求，织物应用领域也日益拓宽，从服用领域到装饰领域、产业领域，社会急需织物设计人才。织物设计一直以来是由艺术设计师与纺织工程师合作完成的，缺乏既具有艺术设计理论、设计能力、艺术修养，又具有一定纺织染整工程知识的复合型高级织物设计人才，阻碍了国内织物设计水平的提高。中国是世界上最主要的纺织服装生产基地，但纺织企业的面料开发和设计能力总体还比较薄弱，多数企业面料生产长期定位于中低档产品，设计开发上多为对国外样品的模仿，缺乏创新意识和自主品牌。那么究竟是什么原因造成目前这种状况的呢？

一、织物设计教育发展现状

目前国内对织物设计教育的关注程度还不够，缺乏对该专业教学系统性的改革研究。在这样的学术氛围背景下，当谈及有关织物设计教学研究的问题时，将织物设计教学进行"工"、"艺"教学的分工，这反映在国内的高校办学类型的划分上。

第一类院校是美术学院，其中的染织艺术设计教学是以艺术设计为主导，主要侧重于外观设计，如主要课程有纺织品设计、纺织品纹样设计、纺织品配套设计、综合材料设计、纤维艺术等。在国内的八大美术学院的调查结果中显示，有五所学院开设了染织艺术设计专业或设计方向，但是缺少院校之间的差异化。

第二类院校是部级综合性大学，内设有艺术设计学院，有染织系，但同时也有纺织工程，像以苏州大学为代表的国家级 211 工程院校，具有教学设备、资源配备、师资等方面的绝对优势。

第三类院校是以涉及到纺织工程专业的工科类大学，例如浙江理工大学。纺织工程（理工类）专业分三个专业方向：纺织技术与贸易方向、针织工程与贸易方向、纺织品设计方向。同时仍在服装学院保留有染织艺术设计专业。其中纺织品设计以工程结合艺术培养为特色，培养既具有纺织工程知识，又具有一定艺术修养、设计理论及设计能力的复合型高级纺织品设计人才。主要课程有：纺织材料学、织造工艺学、织物组织学、纹织工艺基础、色彩学、平面构成、基础图案、染织图案设计、纺织品 CAD、纺织品设计学、素织物设计、花织物设计、服装设计基础、家用纺织品设计等。该校目前处于此领域的领先位置，这也充分证实了工程技术对织物设计所起的决定性作用，同时对在艺术设计院校中开展织物设计教学工作有启发和借鉴性。

第四类院校是纺织职业技术学院，如南通纺织职业技术学院设有现代纺织技术（纺织面料设计）专业，其培养目标是培养具备较强纺织品市场需求跟踪调查、纺织品流行趋势分析、织物分析、纺织品设计、质量控制等能力，从事纺织品来样设计和仿样设计，创新设计与工艺落实、调整，质量控制及现代纺织企业经营管理等工作的高级技能型人才。主要课程有：纺织材料检测、织物分析与小样试织、棉织物设计、毛织物设计、大提花织物设计、纺织美术设计、纺织新产品开发、纺织机电技术、现代织造技术、织物服用性能、染整技术基础、纺织认识与运转实习、纺织生产管理、纺织品检验工考级实训、纺织面料设计师资格鉴定与考工实训等。

南通纺织职业技术学院艺术系家用纺织品设计专业面料设计方向培养目标：培养具备印花花型设计、提花花型设计、提花组织设计、家纺配套设计等能力的高级技能型人才。主要课程有：设计素描、设计色彩、三大构成、纺织材料、染织图案设计、计算机图形处理、纤维艺术设计、家纺艺术设计、家纺设计与市场开发等。专业课程：印花艺术设计、提花艺术设计、纹织设计、家纺艺术设计、数码纺织技术、室内纺织品配套设计等。

从上述四种不同办学类型院校的织物设计教学课程体系中可以看到，美术院校仍然以外观艺术设计为主，综合性院校虽然有设备及师资优势，但纺织工程和染织艺术设计仍然是被割裂的两个教学体系，并没有发挥资源的优势，工科院校及职业院校虽然开设有纺织品设计或纺织面料设计或面料设计专业，并在课程体系中既有纺织工程类课程，同时也有艺术设计课程，但缺乏课程间的融合，即工与艺的真正结合。

通过网络调查研究国外艺术设计院校，发现他们具有能就各自学院的自身需求以及对培养学生目标等方面的不同要求，去发展各自不同的教学体系和培养计划，突显差别化、个性化教学特点。目前在国外的纺织品设计院校中，例如英国中央圣马丁艺术设计学院，在系统性培养方面所做出的突出成绩，可以通过他们在近五到十年间的学生作品上得到突出的表现。其本科教学突出特点表现在课程结构设置方面的灵活性、系统性。同时注重发挥学生的创新观念与纺织品设计新的工艺技巧相结合的实践教学环节。最突出的一点是该校在三年的本科教学中途会让学生自主地选择印花、编织和针织三种不同工艺中的一项，进行后半阶段的深入学习、研究与探索，这方面对国内的染织艺术设计教学思路上有值得深入研究和借鉴的价值。同时学校也鼓励其艺术设计学生与工科院校学生共同合作来完成纺织品设计，建立起工作坊用以培养跨学科间学生相互合作、交流的能力。该校的一部分研究性织物设计的创作作品，对国内织物设计方向具有很大的启发作用。

二、目前我国艺术设计院校织物设计教学存在的问题分析

染织专业作为中国设计教育最老的一门专业，很多教学思想和教学内容还保留着传统。从我国的染织艺术设计教育的起点说起，一直延续多少年都主要是纸上图画的作业流程，而几乎无人碰触织物设计相关的工艺设计内容。"重艺轻工"，或是将"工"、"艺"两个领域截然分开的传统教学模式，直接导致我国在纺织品设计领域中一味地停留在对花型、样式等视觉潮流下"功夫"的设计模式上。而在织物设计领域需要我们真正面对和解决的问题是：如何将"艺术设计"与"工程技术"二者进行有机的融合与交叉，采用现代设计程序、方法，表达出现代人的设计观念和现代人对织物设计的审美需要。

将"工"、"艺"两个领域截然分开的传统教学模式也导致了国内织物设计行业都保持着纹样设计与工艺设计二者截然分开的设计操作模式。这在很大程度上是历史原因造成的，因为在美术院校长期的工艺美术教育体制的背景下，我们沿袭了太悠久的图案设计专长，以至于在后来为符合经济发展而改革成的艺术设计教育体制中，作为历史悠久的染织专业是最难转型的一个设计门类，图案设计成为这个专业禁锢的表现之一，而缺乏勇气和魄力将设计领域进行拓展，拓展到本是跟纺织品设计息息相关的"工科"领域。因为一提到"工"很多人会自然而然地联系到理性、逻辑、计算、公式……但这些要素恰好是一块织物在机器的操作下诞生所必须事先设计好的。也正是因为纺织材料、组织结构、织造工艺参数等工学条件在不断地共同影响着织物的设计外观，同时也成为了审美效果评价的必要因素，因此我们说今天的织物设计教育再也不是单纯的仅停留在画花、作图的"设计技能阶段"的能力培养，它必须让一位设计者具备"双管齐下"的设计素养及能力。

王受之先生在《中国设计教育批判》这篇文章中说过这样一段话：“我们有钱修大不着边际的大学城，却无法给学生提供培养设计技能的教学实践课程和教学实践的车间与设备。”不论是学生的实践能力，还是院校和企业的设计合作关系，都远远落后于欧美发达国家、中国香港和台湾地区设计大学的水平。“重艺轻技”，尤其是严重缺乏以培养动手能力为主的技术实践教育，这种现象一直延续到今天，是导致中国设计教育落后于国际现代设计教育的关键因素之一。在织物设计教育的领域反映了同样的道理，我们似乎一直在教学上存在“重艺轻工”的现象，这里面对“工”的理解，主要包括织物设计课程中所涉及的织物组织结构设计、工艺设计、纺织材料等系统性、理论性很强的“工科基础知识”的掌握与运用。而这些是我们艺术设计院校过去排斥的领域。但值得注意的是在当今信息技术产业的引领下，现代设计领域绝不是一个单靠艺术审美就可以“独闯天下”的时代，在现代织物设计中尤为不可能发生！不懂织造原理的设计者永远只能将他的设计花稿停留在纸上，而不能利用经纬交织的工艺技术将其变为现实中的织物。

另外，在教师的梯队建设上，我们认为不管是工科学历背景的工艺设计教师，还是艺术设计背景的教师，都要随着学科的不断发展，将自身的素质、知识结构进行不断的补充与调整，以改变传统教学的思想和能力束缚——教工艺的老师，不太敢碰“艺”；而懂“艺”的老师，在设计教学环节中有意回避“工科知识”。这样的教学偏见都是不正确的，在织物设计教学的起步阶段我们会遇到此种困难，教师自身的修为也需要一定的积累阶段，因此在必要的形势下，我们采用“双师教学”的方法也未尝不是目前过渡阶段的一个有效的师资解决办法。通过这个过程，两种类型的教师可以在共同参与教学的具体环节中对教学内容及教学方法方面产生跨界学科交叉碰撞的效果，在这种“碰撞”的过程中可以相互学习、相互启发，目的都是为更好地研究织物设计该如何教、怎么教出谋划策。

三、艺术设计院校织物设计教学新构想

艺术设计院校学生更擅长形象思维，但逻辑思维能力较弱，而织物设计过程既需要形象思维也需要逻辑思维，是一个非常严谨的过程。在教学中如何能充分发挥艺术设计专业学生的特长，将其运用到织物设计领域中是目前解决教与学的关键，也是为社会培养新型设计人才的根本。

1. 施行工作室制教学模式，将课程和课题相结合，企业实题与工作室自研课题相结合，学生在完成实题、虚题的设计实践过程中，学习设计理论、设计程序，设计技能得到训练，设计能力得到培养和检查。

2. 在保证知识的系统性前提下，对于难理解的课程进行打散，多阶段教学。

3. 双师教学，即由纺织工程设计教师和艺术设计教师共同完成教学。

4. 将科研融入教学中，培养学生通过观察思考提出问题、分析问题、解决问题的能力。

5. 通过虚题研究探索，培养学生的创造思维和原创设计的能力；通过实题设计，培养学生的市场意识和自主创新的能力。

6. 广泛利用社会资源，改善教学条件。

四、织物设计工作室的培养目标及教学特色

广州美术学院工业设计学院织物设计工作室以织物原创设计为目标，构建从纺织材料选择和设计到各种织物设计、织物应用及推广的课程结构，强化纺织工程知识与技能的学习和训练，将工学和美学有机地结合在一起，以产、学、研相结合的教学形式，通过实题实做、实题虚做、虚

题实做、虚题虚做，延展和创新纺织品的结构、材料、工艺、应用方法和应用领域，将学生培养成为掌握不同时期的装饰风格和现代纺织工业高新科技成果以及产品设计及生产原理，具有较高的艺术修养和审美能力，有现代化生产和市场的观念，有设计创新意识和一定的实际工作能力、科研能力和现代设计手段，能在企事业设计部门、科研机构、专业院校从事纺织品设计实践、教研和设计管理的高素质应用型人才。

学生在校本科四年期间，一、二年级为课程制教学，三、四年级为课题制教学。一年级是"设计基础"，通过设计理论的学习，形态观察、表达与创意的实验，培养学生的设计认识能力。二年级为"专业设计基础"，通过对材料性能的认识、工艺的学习和实践、专业技能的训练，培养学生的专业表达能力。学生进入三年级后，以双向选择的方式进入专业工作室，实行课题制教学模式，三年级以织物设计及应用为主线，构建教学体系，从纺织材料、组织结构、多臂织物设计专题、纹织设计基础、织物的整合运用、织物的推广展示、不同室内风格空间的面料设计，通过专题实践、实题实做、实题虚做、虚题实做、虚题虚做，培养和提高学生的专业实践能力。通过一个月在相关生产企业、设计公司的专业实习，进一步提高学生的项目实践能力。四年级为自研织物设计专题、毕业论文和毕业设计。

五、教学特色及条件

通过产学研相结合，课题制的工作室教学模式，培养一专多能的设计人才。织物设计工作室强调教学与社会实践紧密结合，多年来一直坚持产、学、研相结合的教学模式，与纺织企业建立了良好的长期合作关系。目前织物工作室已与广州市源志诚家纺有限公司合作建立了校外教学实习基地，并且通过校企合作共同建设计工作室、共同组织课题研究、直接参与企业产品开发、下厂实习、聘请成功企业的管理者和设计总监直接参与专业教学等多种灵活的教研方式，有效地拉近了教学与市场的距离，使学生直接了解生产流程、工艺常识和市场运作，提高对产品设计的综合认识和操作能力。

织物设计工作室在校内拥有先进实验设备 ASL2000 型全自动织样机，先进的专业设计软件包括色织物设计 CAD 软件、浙大经纬纹织 CAD 软件、荷兰耐特纹织 CAD 软件等。在实验室配备了专业的教辅人员，有较稳固的企业合作关系，建立了校外教学实习基地，可以为专业教学提供必需的实习条件。

目前，织物设计工作室已向行业输送了三届毕业生。在 2011(秋) 深圳国际家纺布艺暨墙纸家居饰品展览会展出了 2010 届、2011 届部分毕业设计作品，受到社会各界的好评。

本书是对广州美术学院工业设计学院织物设计工作室织物设计教学中教学和设计实践的总结，是工作室制教学改革经验和成果的呈现，旨在达到交流、研讨、检视的目的，并为我国织物设计教育的改革与提升提供一种可供观察与思考的模式。

同时编写此书的目的是希望将当下在织物设计中遇到的问题与尝试解决方法进行总结与整理，奉献给有志于在这一设计领域进行思考与深入研究的广大读者，希望这本书籍能够引发更多纺织品设计领域相关人士参与到织物设计中，深入思考，主动实践。希冀在不久的将来可以在面料设计领域中能够真正出现中国原创织物设计大师。

金英爱 ■

　　1988 年毕业于苏州丝绸工学院染化工程系染整专业，获工学学士学位。自 2002 年 7 月在广州美术学院染织艺术设计专业任教。现任工业设计学院织物设计工作室主任，主要承担纹织设计基础、织物及其应用设计专题、自研织物设计专题、毕业设计、毕业论文的教学工作，主要研究方向是织物设计和艺术染整的教学和研究。撰写并发表《反常态设计思维对提花面料设计的影响》等数篇论文。自 2007 年担任广美·源志诚织物设计工作室的主管，组织师生进行广州市源志诚家纺有限公司的新产品开发，负责工作室的日常设计管理及提花新产品开发中的组织结构的设计和织造工艺的设计和指导。

阎秀杰 ■

　　2010 年获得广州美术学院设计艺术学硕士学位，现为工业设计学院织物设计工作室主讲教师，主要负责多臂织物设计专题、纹织设计基础、织物及其应用设计专题、创意织物设计等课程的艺术设计指导工作。曾先后发表论文：《艺术设计院校织物设计教学研究》、《从"平面"走向"立体"——现代织物创新设计》、《立体形态织物设计开发》、《交互式设计理念在纺织品设计中的应用与价值》、《装饰织物的情感化设计》。获得国内外纺织品设计大赛奖项15 次，本硕期间取得两次优秀毕业论文及毕业创作的成绩，拥有近五年的校企合作开发设计实战经验。

曲微微　■

高树立　■

　　东华大学纺织材料与纺织品设计专业硕士研究生毕业。2008 年，进入广州美术学院染织艺术设计专业织物设计工作室，致力于纺织材料、面料设计、纺织品设计的教学和研究工作。在艺术设计学生的创造性思维培养方面进行思考和研究实践，并关注面料的触觉肌理和触觉感受。期待在产业用 3D 织物的艺术化、生活化的设计研究中有所突破。

　　1989 年毕业于苏州丝绸工学院工艺美术系染织美术专业，获文学学士学位。自 2002 年 7 月在广州美术学院染织艺术设计专业任教。现任工业设计学院染织专业基础教研室主任，主要承担纹样造型、室内纺织品整合设计、毕业设计、毕业论文的教学工作，主要研究方向是纹样设计及应用、展示陈列设计和艺术染整的教学和研究。撰写并发表《水彩画技法在蜡染中的应用及实践》等数篇论文。

目录
CONTENTS

第一部分

织物结构与设计
Part One　Fabric Structure and Design

【 课题背景 Project Background 】

　　织物结构是指织物中经纬纱相互配置的构造情况。决定织物结构有三大要素：经纬纱细度、经纬纱密度、织物组织。这三个要素不同，经纬纱在织物中的空间形态就不同。进一步说，这三个要素决定着织物的紧密程度、织物厚度与重量，决定着织物中经纬纱的屈曲状态，也决定着织物的表面状态与花纹，从而也决定着织物的性能与外观。

　　织物结构与设计在内容上包括了织物组织、织物结构和织物设计三个部分。织物组织是影响织物结构的重要因素，对于织物原组织、变化组织、联合组织、复杂组织的构成方式、原理及织物的组织结构与织物外观、织物性能的关系等织造的基本理论和基本知识的掌握，同时在对织物组织构成方式、原理清楚认识的前提下具备织物组织的创新设计能力是织物设计的基础。

　　本课题的特点：理论性、逻辑性比较强。尤其是复杂组织不同于原组织、变化组织和联合组织，织造的效果在组织图上就能够呈现出来了，复杂组织多是由两个或两个以上的经纱与两个或两个以上的纬纱交织成的，纱线间存在滑移、重叠，有些组织效果是织物织造下机后，再经过剪毛等工序完成的，因此不能在组织图上直观表达。学生接受、理解起来很有难度。对于织物工作室的学生来说，织物组织的学习是进入工作室后首先接触到的难题，如何使学生在短时间内理解和掌握织物组织的形成原理，并能够熟练进行设计运用，是需要重点考虑的问题。

【 教学构想 Teaching Conception 】

　　1. 教学方法上，采用边学边练习，边检查的教学方法，在学习过程中，加强日常学习中对知识点的考核，及时发现学生学习过程中存在的问题，调整进度、难度，并及时加以解决，使学生真正掌握相应的知识。

　　2. 在教学中，在理论讲授的同时，结合运用 EXCEL 软件在课堂上加强练习环节、检查环节，加强组织表达的规范性。在组织表达上，为了提高设计效率，可以将经组织的表达由原来的符号填充，改为色彩填充，直观、醒目。

　　3. 在教学手段上，采用织物组织 CAD 进行辅助教学，一方面将专业软件的学习过程融入织物组织设计过程，一方面使组织学习很直观，可以当场选择纱线目睹织造后的模拟效果，加深印象。软件的学习过程是在应用软件的过程中完成的。

　　4. 通过去市场收集相应的织物进行分析，了解材料、了解织物结构对纹理形成的影响，积累经验。

　　5. 在各种组织的学习过程中进行组织的设计并用纱线进行组织的表达，加深对织造过程及其原理的理解。

　　6. 根据染织艺术设计专业培养创新型设计人才的需要，把创意训练贯穿教学的全过程。在组织创新设计过程中，启发学生通过不同的思维方法进行设计探讨。

【教学目的 The Purpose of Teaching】

使学生获得织造的基本理论和基本知识，了解织物的形成过程，掌握各种组织结构与织物外观、织物性能的关系，通过实践能够独立设计组织并能够准确地表达，培养学生的创新设计能力。

【教学方法 Teaching Method】

多媒体理论讲授、课堂编织实操、CAD 模拟练习、典型案例分析、设计实践辅导，以启发引导为主，激发学生设计创新的积极性。

【教学内容 Teaching Content】

1．基本概念及三原组织（4 学时）
2．手工编织方法讲解及练习（4 学时）
3．变化组织、联合组织对比分析（4 学时）
4．配色模纹讲解及手编练习（4 学时）
5．典型案例分析及设计创作引导（4 学时）
6．设计实践（8 学时）
7．组织创新设计及织物 CAD 模拟练习（8 学时）
8．复杂组织及手编练习（12 学时）

【课程作业 The Course Assignments and Requirements】

1．组织结构的变化设计：从自然、人造物中提炼形态元素，设计具有一定形式美感的组织结构，要求工艺合理、设计新颖。
2．手编织物设计：自选综合材料，表现交织结构特点的手编织物；要求材料搭配合理、浮雕感强、整体美观。

4

组织设计是面料设计中非常重要的组成部分，关系到织物的性能与风格。面料新品开发时，组织的合理选择和巧妙变化，对面料的推陈出新具有重要作用。因此，组织设计需要创新，要按照品种要求、纤维与纱线特点，不断创造出新的组织来。

长期以来，国内外一直关注组织设计这一问题的研究。目前，对于组织设计的研究和探讨主要集中在三个方面：一，通过计算机辅助进行组织设计；二，设计组织循环大的变化组织和联合组织；三，通过美学图案思想进行组织变化，使面料的图案和肌理呈现多样化。

织物组织的计算机辅助设计在国内已有十多年的历史，在研究过程中发现对同一基础组织进行补贴纹板连接和穿插的变化，作组织的系列化设计，是计算机辅助设计为组织设计提供了一种新的思路和方法。

由于受到综片数的限制，多臂织物组织的经纬循环通常比较小，特别是采用原组织为基础时，要设计组织循环大的变化组织是比较困难的。在此背景下，研究人员建立了多臂织物组织设计的数学模型，用矩阵代数的理论和方法研究织物组织。利用上述大组织矩阵设计方法设计的组织，能使面料呈现非常美观的几何花纹。

研究和实践发现，艺术设计的形式美法则和艺术美感对组织结构乃至面料设计的美观具有重要意义。我们不得不说，织物组织设计是一种艺术创造，它与音乐和美术的语言一样，每一个组织都孕育着艺术感染力。比如平面构成中点、线、面三种元素形式美的综合使用，利用对比、对称、旋转、镶嵌、平衡、移植、叠加、重复、近似、渐变、

特异、发射、分割等手段和方法，使组织设计具有很强的表现力和感染力，使面料的花纹图案更加丰富和耐人寻味。如果再进一步结合色彩构成，通过点的大小排列、线的长短渐变组合、色彩的深浅变化，可以进一步增加面料的色彩层次感。

鉴于染织艺术设计专业学生对审美、图案敏感的特点，本课程着重通过美学进行组织设计入手，引导学生进行组织创新设计。

【具体教学思路】寻找发现→解构→再造→重组

1. 寻找并发现富于美感的自然物及人造物中的点、线、面

大自然的形态中蕴含的启示无处不在，如美丽的流星雨、荡漾的水波、优美的植物枝干、雷雨中的闪电、飞行的鸟、晨曦的初露、深秋树上的果实、水中的雨露、盛开的花朵、夜晚天空闪烁的群星、大海中的小舟、蜜蜂的蜂巢、经过人工加工而形成的高高低低的建筑、房顶的瓦片、地砖、窗户的排列、错落的空中电线等等，无论是自然形成的形态还是人工加工而形成的形态，我们均可以解构重组成为织物组织。

2. 解构，再造，重组点、线、面，设计富有艺术美感的织物组织

抓住自然界中美的形态，加以艺术夸张和整理，并在此基础上再进行分解和重新组合使形象更加完美简练，设计创作出花纹美观、变化多样、新颖丰富的组织结构。

源于自然的组织设计:

图1-1　　　　　　　　　　　　图1-2　　　　　　　　　　　　图1-3

图1-4　　　　　　　　　　　　图1-5　　　　　　　　　　　　图1-6

图1-7　　　　　　　　　　　　图1-8　　　　　　　　　　　　图1-9

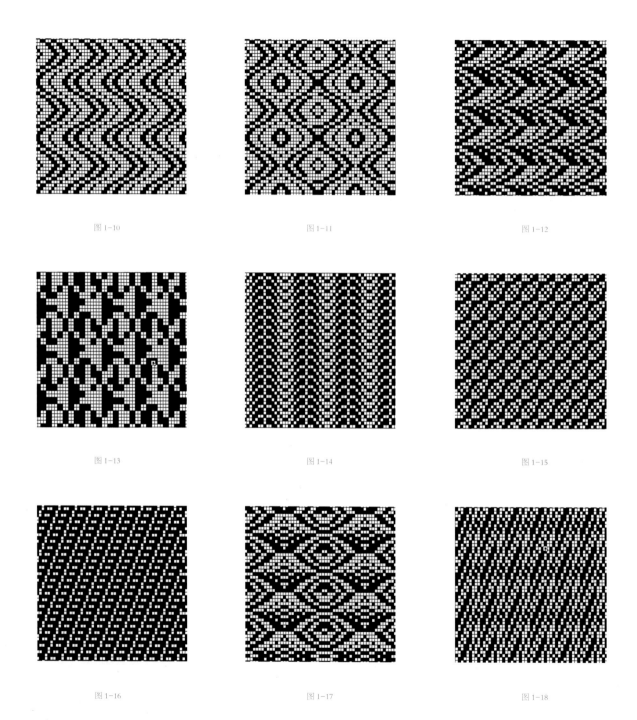

图 1-10   图 1-11   图 1-12

图 1-13   图 1-14   图 1-15

图 1-16   图 1-17   图 1-18

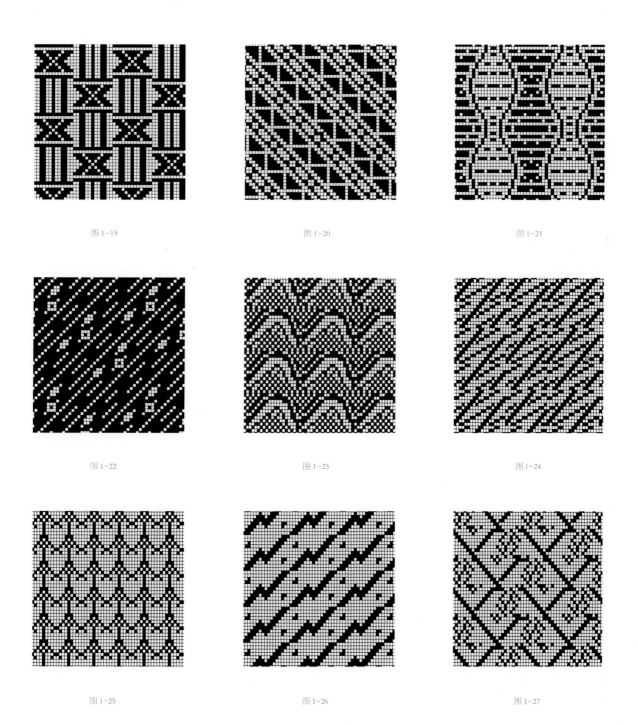

图 1-19

图 1-20

图 1-21

图 1-22

图 1-23

图 1-24

图 1-25

图 1-26

图 1-27

图 1-28　　　　　　　　　　　　图 1-29　　　　　　　　　　　　图 1-30

图 1-31　　　　　　　　　　　　图 1-32　　　　　　　　　　　　图 1-33

图 1-34　　　　　　　　　　　　图 1-35　　　　　　　　　　　　图 1-36

图1-37

图1-38

图1-39

图1-40

图1-41

图1-42

图1-43

图1-44

图1-45

组织设计对于面料设计非常重要，但任何结构都无法离开材料的支撑。材料与结构两者无法剥离而互相依存。当我们将结构与材料恰当揉捏起来时，你会惊诧"还有如此广阔、丰富、奇妙的世界"！总之，组织设计中引入美好的材料，是对组织结构内涵的极大丰富和挖掘。

世间存在许多美好的材质，然而对它的发现和获取需要我们具备极敏锐的把握能力及独到的鉴赏力。为此，在我们的课程中，本着一种"实验"的态度，希望能够"发现"，以此追求将组织与材料不断积累和创新。因为是"实验性教学"，所以强调从视觉、触觉、味觉、听觉等多个角度衡量和鉴赏，不设定具体的产品类型、产品形态，甚至是单纯地剥离开现实因素，从纯粹的艺术表现出发。

12

 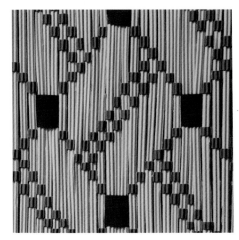

图 1-46　　　　　　　　　　　　　　　　图 1-47

　　在片状材料中，纸材是学生比较容易获得的，并且当前纸材种类非常丰富，有柔韧型的泡沫纸、光洁的铜版纸、凹凸的波浪纸、立体的瓦楞纸、蜂窝纸、磨砂的相片纸、半透明的硫酸纸、幻彩的镭射纸等等。采用纸质材料进行组织结构编织，可以非常直观地看到图案和色彩效果，这是这种材料编织过程中的突出优点。

a. 纸质材料

　　图1-46、47　材料：波浪硬纸、硬卡纸
　　　　　　　　设计：谢小珮
　　　　解析：波浪纸比普通纸更富于立体感，将之改成条状编织后立体感更强，给人一种想触摸的感觉。图 1-46 采用浅粉、玫红、深蓝搭配，图 1-47 选用红、黄、蓝三色，色彩对比鲜明。图 1-46 利用分区色条排列形成九宫格式的色彩区域，整体色彩富于深浅变化，特点明晰。但该色彩设计与绉组织结合，在有限的块面中难以体现绉组织聚集肌理丰富细腻的艺术美感，甚至由于色彩过多的变化导致交织图案略显凌乱，不够鲜明，视觉冲击力不够。

图 1-48   图 1-49

图1-48 材料：泡沫纸

      设计：李永锋

    解析：采用轻薄的泡沫纸打造柔软细腻的触感，采用灰、白两色搭配，迎合现代简约、低调沉稳的家居风格。一定厚度的泡沫纸在交织中产生起伏感，使作品表面呈现凹凸立体感。

图1-49 材料：底纹硬卡纸

      设计：梁生

    解析：作者以少数民族的民间编织艺术品为灵感，采用现代橘色暖调，用硬卡纸裁切成色条交叉编织。

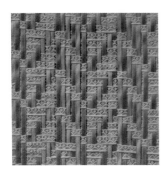 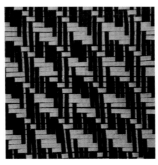 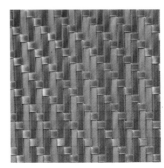

图 1-50　　　　　　　　　　图 1-51　　　　　　　　　　图 1-52

b. 花边、彩带、布条

现代纺织品中，辅料的新品开发速度日新月异，发展非常迅速。各种光感、肌理、软硬、花纹、通透等不同的蕾丝花边（见图 1-50）、缎带、编织带（见图 1-51）也是编织的主要材料之一。在教学中，我们鼓励学生们采用各种材料进行编织，强调在编织过程中体会交织感，体会不同交织结构所产生的紧度、光泽、色彩混合的变化。

如图 1-52 所示，赵阳同学采用细腻、光洁的缎带用斜纹结构进行编织，浅紫色缎带浮在蓝色表面，从不同角度看去，仿佛水面波光闪烁跳动，让人不禁联想到徐志摩诗句中那"波光里的倩影……"

图 1-53   图 1-54   图 1-55

　　图 1-53、54、55 均采用柔软的面料裁成条状紧密编织，紧密编织一方面保证编织物具有一定强力不至于松散，另一方面凹凸起伏也比较明显。另外，我们也发现，采用柔软材料编织时，采用的组织不能过于松散，交错次数应多些。

　　图 1-53、54 采用平纹组织，图 1-55 为浮长小于 4 的山形斜纹，以此保证编织效果的稳定性。陈玉冰同学本意是想充分利用薄纱面料的通透性编织具有透叠感、朦胧效果的作品，但由于编织紧密性与朦胧通透相互制约，无法同时达到良好的效果，最终不得不为了编织稳定性而放弃透叠朦胧效果。

图 1-56

图 1-57

a. 柔软的毛虫线、腈纶毛线

图 1-56、57 均采用柔软的毛虫线，该材料手感非常细腻柔软，很容易让人联想到冰淇淋。在组织结构讲解中，每个组织的特点优势都是课程内容的重点，但当邹银芳同学采用蜂巢组织亲手感受编织完成时，才真正意义上体验到，这样的体会使得其对知识点和材料的认知印象更加深刻。

图1-58、59、60采用相同的腈纶毛线进行编织,但由于色彩和组织的不同,所呈现的风格就完全不同。艺术设计、艺术表达既是一个传递一定感性的过程,更是一个融合有理性思考的过程。因此,我们需要在教学中精心选取一些材料、一些工艺,让学生在一个既定的范围内任意发挥。以此为前提的艺术表现,会更加深入和富于思想性。每个学生都有各自的特点,因此老师在点拨引导学生思考方向以及处理某些细节的过程中,也是在帮助他们建立起他们自身的思考方式、创作作风。

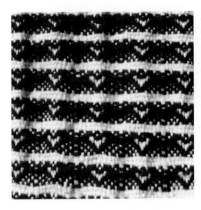

图1-58

图1-59

图1-60

图1-58,唐莉灵同学也同样采用了疏密变化的组织结构,但由于平纹交织较多,所以大部分呈现紧密的交织效果。由于整个编织紧密度很高,因此为数不多的浮长充分体现出力学的拉动作用,该作品呈现出凹凸不平感,立体感很强。

图1-59,潘锦珠同学在疏密、松紧的节奏上处理得较好,有紧密的平纹交织,同时也结合了疏松的经浮长和纬浮长。浮长的出现,让材料的光泽和色彩变得鲜明,使整个编织画面效果更为鲜活。

图1-60,梁浩宁同学的色彩搭配合理,尤其是深红色的选用,为整个作品增加了色彩的层次感。该编织作品采用平纹组织,表面非常平整,腈纶材料的柔软并没有因为组织交错次数多而变硬挺,手感依然非常柔软。但整体看上去较为呆板,交织结构上缺少变化以及疏密、松紧的节奏感。

18

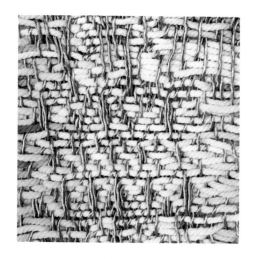

图 1-61   图 1-62

b. 粗硬的棉绳

　　不同方向的线性材料在交织过程中会产生一定的弯曲，软质线性材料的弹性好，其伸缩性弥补了上下交错产生的屈曲，使线材在编织过程中保持适当张力，不至于紧绷而无法顺利编织。这是硬质材料在编织工艺中的劣势，但相反的是最终效果可以在相对稀疏的结构下也能保持稳定，一方面在节约材料的情况下展现空隙、稀疏效果，一方面具有一定力学稳定性，弥补软性材质排列稀疏情况下的滑移问题（见图 1-61）。另外，硬质线材的交织屈曲幅度很大，整体表观呈现的起伏也比软性线材要明显，呈现浅浮雕的效果。同时，硬质材料编织过程中相对繁琐和难控制些。如图 1-62，费巍同学采用直径约 1cm 的棉粗绳与刚性伸缩性差的金属纱交织，相互之间难以制约产生平整、有序、规则的织纹效果。该同学采用黄色渐变材料与不规则金属纱搭配非常和谐，色调统一且富于细节变化。采用硬质不规则线材结合不规则绉组织，打破编织规整、有序的视觉效果，整体和细节都充分诠释了不规则的艺术美感，富有新意。

图 1-63   图 1-64   图 1-65

c. 柔软与粗硬线材的对比应用

　　谢冰以建筑的屋顶作为表现的媒介，其在大量实验过程中发现，经向为硬质材料，配合纬向的软性材料进行编织，立体感和层次感尤其明显（见图 1-63）。该同学在大量实验编织过程还发现，软硬材料结合使用，一定要注意紧密度，紧度越高，立体效果越显著。如图 1-64、65，费巍和唐仲龙同学也反映：软硬结合，比全硬质材料编织过程要容易把控和实现。

图 1-66   图 1-67

　　如果将交织产生的触觉立体浮雕与色彩效应、视觉色彩立体有机结合，效果将更为突出。
这其中提到的硬质材料有很多，包括塑料管、塑料股线（见图 1-66）、各种橡胶电线、钢丝内
芯线材、蜡绳（见图 1-67）、金属线、纸绳等等。

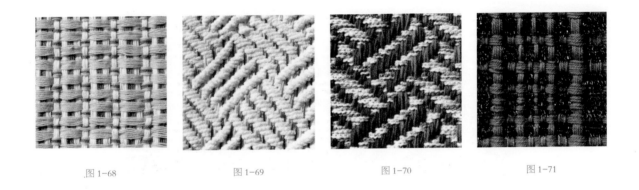

图 1-68   图 1-69   图 1-70   图 1-71

d. 相同组织结构，不同材料的效果比较

　　艺术设计、艺术表达既是一个传递一定感性的过程，更是一个融合有理性思考的过程，是一个严谨认真的研究过程。如图 1-68、69 所示，张永强和孔颖漩同学均采用芦席斜纹作为编织结构，对比效果可以发现，图 1-68 的立体感更加丰富，芦席图案较鲜明；图 1-69 手感非常柔软，丰富的色彩穿插打破了具象的芦席图案。再如图 1-70、71 所示，同样为平纹变化组织，编织紧度的不同所获得的视、触觉效果完全不同。由此我们不得不跟学生强调材料与结构的搭配关系，让学生能养成一种逻辑的、关联性的、研究性的创作习惯。创作的"兴奋点"、"动机"、"灵感"不一定都是来自于感性的、非逻辑的触点。因此，我们在教学过程中，向学生传递一种思想：艺术设计创作的起点也可以始于一种逻辑的思考。

3. 片状材料与圆形截面线材编织效果

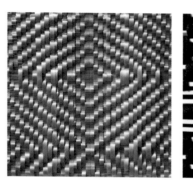

图 1-72   图 1-73

　　组织设计的课程，能够结合到实实在在的材料，注重培养学生设计创作过程中的艺术感受力和表现力是非常好的一种教学手法。训练学生在接受既有知识的基础上，增加材料实验和研究过程中的主动性和创造性，培养学生的探索精神和原创精神。

　　图 1-72，陈潇文同学选用彩纸和圆形塑料软管完成的编织，以动物身体上的鳞片波纹为灵感来源，设计波纹渐变组织，让材料的光泽和质感充分地传递。图 1-73 中，林根慧大胆选用非常硬质的塑料方管与非常柔软的针织带，结合山形斜纹，鲜明的色彩，在软硬、刚韧性的对比中，力量感非常强烈。

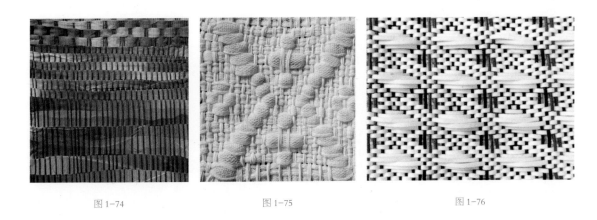

图 1-74 图 1-75 图 1-76

作品《蔚蓝夜空的神秘》（见图 1-74），雷雪红同学运用七彩的薄纱和钴蓝色的纱线，通过折叠、重合、交织，充分表现纱的特点，给人夜幕下色彩缤纷的绚丽，神秘而迷人。

图 1-75，李伟琼同学更将其个人细腻的情感倾注到编织当中，她利用针织带优异的弹性伸缩将一些柔软蓬松的木棉絮包裹起来，巧妙地结合到组织结构的浮长线中，从而使作品表面呈现点状的隆起，摸上去有软软的触感，非常有意思。该同学的灵感来源于盲人通过双手阅读盲文，她期望将触摸盲文的感觉带到编织中，让作品与人在触觉上有更亲密的沟通和信息交流。由于编织画面比较小，采用了比较具象的几何构图，不是很富有新意和美感。

图 1-76，该设计将仿皮面料裁切成细窄条纹与硬挺的蜡绳交织，在紧密和疏松交织间转换，形成明显的浮雕效果。

第二部分

多臂织物设计

Part Two   Dobby Fabric Design

【课题背景 Project Background】

机织物主要分为多臂织物和纹织物两大类，织物的设计分多臂织物设计和纹织物的设计两大部分。通过多臂织物设计实践使学生体验到从织物设计到上机织造完成的全过程。织物设计不同于印花面料设计，画在纸上的纹样印到织物上基本没有变化，而织物是由经纬纱交织而成的，是立体的，各部分色彩是由经纬纱色彩通过空间混合而成的，当经纬密度发生变化时，纹样的形态也发生变化，织物设计只有完成织造下机后，更有甚者完成染整工序后才能真正表现出最后的成品效果。所以，织物设计一定要在生产现场完成，不能纸上谈兵。

在设计阶段运用织物 CAD 完成组织图、穿综图、穿筘图、纹板图，同时可以进行经纬纱线的设计和排列，确定纱线的结构及经纬密度，完成模拟。但并非运用 CAD 能够模拟出来的设计，在织机上就一定能够织造完成。模拟效果并非能够完全呈现设计效果。尤其是在织造过程中如果运用了弹力丝、收缩丝等特殊纱线时，模拟出入就更大了。织物 CAD 可以辅助织物设计，使设计过程更加快捷，但不能完全依赖它。因为织物设计是一个复杂的过程，在织造过程中还要对织造参数不断进行调整，如纬密、经向缩率等，纱线不适用时还要重新选择纱线，需要不断解决出现的问题。

同学们通过市场调查、流行趋势分析、寻找灵感、完成产品定位设计、纱线选择或纱线设计、色彩设计、组织结构设计、上机图设计、织造工艺设计、后整理工艺设计，并在织机上试织过程中完善设计，最终在实现多臂织物设计方案的过程中，真正体验到织物设计过程，同时培养学生发现问题、分析问题、解决问题的能力。

多臂织物设计包括素织物设计和小提花织物设计，因为它们都可以在多臂机上织造完成，因此称为多臂织物设计。在国内多用 16 片到 20 片不等的织机类型。在教学中可以应用 24 片综框的全自动或半自动织样机织造完成设计。

【教学构想 Teaching Conception】

1. 在教学中，由两位教师共同完成教学任务，分别负责设计和工艺部分的讲解和指导，取长补短，真正达到艺术和技术相结合的构想。

2. 在设计中分组进行设计，以小组为单位进行准备、织造，遇到问题时共同研究解决，避免个人力薄很难独立完成穿综、上机梳理的难题。与一人独立完成设计相比，准备时间短了，效率也会大大提高。

3. 市场上较难买到合适的纱线，使织成的织物在性能上很难达到原设计目标。建议在设计阶段，组织学生前往织造企业选购纱线，同时工作室多储备常用的纱线，供学生选用。

【教学目的 The Purpose of Teaching 】

多臂织物设计是艺术设计（染织艺术设计织物设计方向）专业的主干课，是专业设计课程之一。纺织品附加值高低一方面取决于设计水平的高低，另一方面在于所采用织物的品质。设计织造出更加新颖、更加舒适，满足各种功能需要的织物以适应人们各层次消费的需要，是本课程的教学目的所在。

本课程的教学任务是：使学生了解织造的工艺过程，熟悉织物设计基本过程，通过实践能够合理进行产品定位设计、纹样色彩设计、织物规格设计、织造工艺设计。样品的试织实现素织物、小提花织物设计，探讨多臂织机在织造技术和材料运用的可能性，同时培养学生的创新设计能力。

【教学方法 Teaching Method 】

在教学中，采用多种形式和手段进行教学，包括多媒体讲座、课堂讲授、随堂辅导、市场调研、实物分析、设计实践、织造完成等。注重理论与实践相结合，课堂教学与课外实践相结合，采用启发式教学方法，提高创新能力。

1. 通过多媒体主题讲座，使学生获得多臂织物设计的基本理论和基本知识。

2. 通过对织物的分析，了解不同组织结构织物的风格及其形成过程。

3. 通过实际或虚拟课程的设计辅导与织物的上机织造，掌握从织物设计到织造的全过程。

【教学学时 Teaching Hours 】

56学时

【教学内容 Teaching Content 】

第一阶段：理论讲授
第一章：织物设计概述
　　概述、织物设计的方法、织物设计过程
第二章：色彩在织物中的应用
　　第一节 色彩在室内装饰织物中的应用
　　第二节 色彩在服用织物中的应用
第三章：织物的设计
　　素织物设计、色织物设计、小提花织物设计
第四章：纺织品设计的原理与方法

第二阶段：织物设计
分组自选课题，进行织物设计。

第三阶段：样品试织与产品评价

【课程作业 The Course Assignments and Requirements 】

素织物设计、色织物设计、小提花织物设计 (任选其一)。

多臂织物设计过程　案例 1

作品名称：悠闲生活
作　　者：费巍
指导教师：曲微微　阎秀杰

　　有人说喜欢围巾的人都有点自恋，那是因为他们对美的渴望。而围巾可以把面容凸显得更加清晰，更好地调整出完美的脸色，或是衬托妆容，所以只有爱恋自己的人才能戴出围巾的美。
　　美的定义很广，对于围巾，不同色彩、不同纹样彰显不同的美。色彩是主宰视觉效果的灵魂，体现的是一种文化与品质；而纹样是一种内涵，提升视觉的品质修养，两者相辅相成。

设计说明
　　整条围巾长度设计为 1.5m，使用纬向排列方式设计，三大色块对围巾进行分割，两端色彩对称，组织变化丰富，是围巾的装饰部分。中间绿色暗纹色块，因处于整条围巾的视觉黄金分割中心处，中间暗纹部分其组织浮长相对较长，系在脖子上柔软度好。

设计定位
　　成熟优雅的年轻男士。

色彩设计

　　成熟的色彩在柔美中带有优雅，具有成熟的风韵，让人感到安适、放心。色彩搭配以中低明度为主色调，配以少量的中高纯度，饱和明亮的暖色，令人兴奋、愉悦。

材料选择

　　选用丝光棉作为纱线，手感软，光泽较好，透气，强度适中，价钱便宜。而麻手感粗糙，不符合设计要求，真丝、竹纤维强力差，价钱贵，羊毛纱线绒毛易破坏所设计的组织。

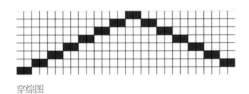

穿综图

穿筘图

组织设计

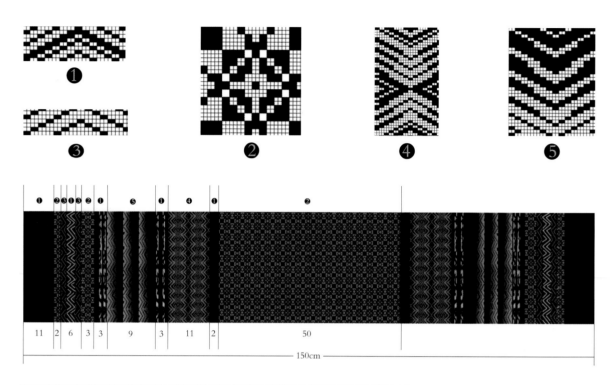

围巾工艺参数表						
幅宽 (cm)	30	经密	15 根 /cm	总经纱	450 根	
匹长 (cm)	150	纬密	15 根 /cm	总纬纱	1250 根	
筘号	150	筘入数	1 根 / 齿	缩率	5%	

	经纱	原料	纱线形式	粗细
经纱		丝光棉	股线	40S/2
纬纱		丝光棉	股线	40S/2
		丝光棉	股线	40S/2
		丝光棉	股线	40S/2
		涤纶棉	花式纱	20N
		涤纶棉	花式纱	20N

评价

优点：整个色彩感觉基本没有偏离预期效果，手感比较柔软，组织设计比较合理，没有出现浮长过长而松散的现象。

缺点：黄绿色的纬纱过亮，使所织部分的色彩稍有点花，而预期是作暗纹处理，中间部分色块在长度方面也欠缺完善的考虑，再长20cm，效果会更好些。

总结

对这个专题课程作业完成总体感觉良好，从构思到成品，每一个步骤都达到了自己预想的要求，其间对纱线认识、机器操作也多了一份了解。但是也有许多不足，前期在构思上考虑还不够完善，对于风格定位想法比较模糊，加上纱线选材色彩小有偏差，以致后期在做文案的时候需要按成品围巾的色彩感觉去被动定位，很浪费时间。

多臂织物设计过程 案例 2

作品名称：素海迷情
作　　者：郝永刚　吴亚明　邓妙凤　何研　梁淑芳　劳达超
指导教师：金英爱　阎秀杰

设计构思

　　以海洋世界作为设计灵感来源，设计我们自己的家，营造一种宁静的气氛。在色彩、材质、图案、织纹等方面巧妙地做艺术效果上的对比和衬托，或流畅多姿，或色彩变幻，或色光交织，或重复渐变，或高格调的组合，有意识地营造出回归自然的素海迷情。

灵感图

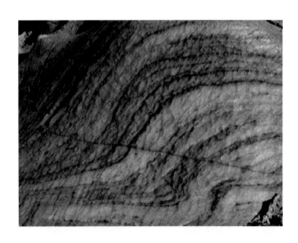

原料选用与纱线设计

原料选择

经纱：涤纶 股线 30S/2
纬纱：涤纶 股线 30S/2
色纱排列：经排列：120A120B

A		B	

纬排列

20A4A1B4A1B3A2B3A2B2A3B2A3B1A4B1A4B50B4B1C4B1C3B2C3B2C2B3C2B3C1B4C1B4C50C4C1D4C1D3C2D3C2D
2C3D2C3D1C4D1C4D30D4D1E4D1E3D2E3D2E2D3E2D3E1D4E1D4E30E4E1D4E1D3E2D3E2D2E3D2E3D1E4D1E4D3
0D4D1C4D1C3D2C3D2C2D3C2D3C1D4C1D4C50C4C1B4C1B3C2B3C2B2C3B2C3B1C4B1C4B50B4B1A4B1A3B2A3B2
A2B3A2B3A1B4A1B4A

纱线设计

通过纱线颜色模拟海底岩层起伏变化的线条感。

组织设计

利用曲线变化组织来描绘海底岩层的纹理。

密度设计

经纬密度：40×40 根 /cm

织造规格设计

坯布宽度：25cm

筘幅：28cm

经向缩率：5%

总经纱数：1120 根

筘号：100 号

筘入数：4 根 / 齿

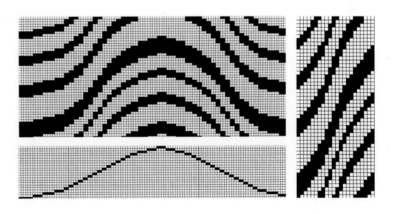

产品评价

    该织物是色织物，主要运用色纱的排列，颜色比较稳重，利用颜色的渐变和曲线斜纹的变化来体现岩层的堆积，自然朴实。织物表面粗糙，摸上去有凹凸感，由于有些纬浮线，布面泛出少许光泽，并使其具有良好的透气性。适当增加纱线的细度，增加织物的厚度，耐磨、保暖，可用作沙发面料。

织物试样

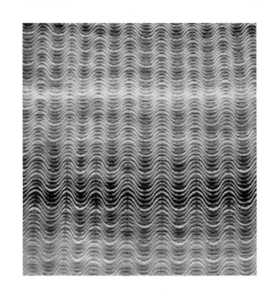

灵感图 织物试样

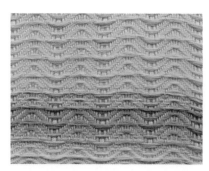

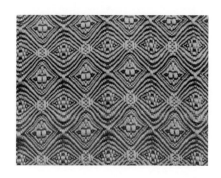

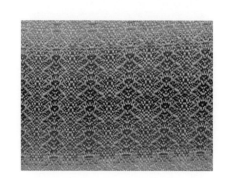

多臂织物设计赏析 案例 1

作品名称: 情系你我
作 者: 黄健锋
指导教师: 金英爱   阎秀杰

设计构思

　　广州美术学院大学城校区已建成多年, 在新校区的毕业生逐年增加, 其四年大学生活都是在这个新校区度过的, 因此对其有着深厚的感情。针对这一怀念之情, 我运用大家对广美的印象——红色的教学区、白色的生活区、黑色的围栏, 进行广州美术学院礼品的设计。以围巾为媒介, 把广美建筑的元素融入其中, 使每一个拿到围巾的校友都能感受到母校的温暖。在工艺方面运用多层结构来增强围巾的保暖御寒的性能, 使之美观而不失功能性。

设计说明

　　作为对外的礼品, 必须要代表送礼单位的某个特点或精神。该礼品围巾的设计融入了大多数人对广美的印象, 并根据建筑的多层结构, 使用多层组织在保暖性能上大大增强了围巾的实用性, 象征着这个曾经伴你走过大学生活的母校在张开双臂给你温暖。

　　该围巾正反两面颜色配得不同, 红黑代表着伴你学习的教学区, 白黑代表着伴你生活的生活区, 加上山形斜纹的装饰, 增加围巾的配搭款式, 借助疏密关系和每层的色纱排列不同的关系, 令围巾从每个段落看里层都会发生颜色上的变化, 使其纹样不单调。

组织设计

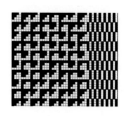

色彩设计

黑、白、红

纱线选择

经纱：黑、白、红均为棉　股线　7S/2

纬纱：白色：羊毛

　　　黑色：棉　股线　7S/6

　　　红色：涤纶　300D/2

点评

　　作者06级黄健锋同学设计了一条厚达四层的保暖围巾，这项工艺对于一个刚刚接触过复杂组织学习的大三学生来说是非常具有难度的。但我们在教学中并不限定学生们一定非要按照某种既定的要求来做设计，而是指导学生在设计过程中按照遇到问题，提出解决方案的思路来完成各自的创意设计。此时此刻工艺设计指导老师一定会发挥出举足轻重的作用，即教会学生如何利用复杂组织工艺去提升自己的设计作品，并在此基础上形成新的创新意识。这件非常暖和的围巾正好表现出了这项教学理念。

多臂织物设计赏析　案例2

作品名称：红色记忆
作　　者：黄朝阳
指导教师：金英爱　阎秀杰

设计说明

　　灵感来源于美院的红砖墙、网及栏杆，以棕红色为主色，运用双层组织换层组织，将围巾的佩戴方式、实用性、装饰性相结合，暗纹、垂线、条纹融合在围巾上，垂线的运用形成独特的装饰效果，佩戴时可以正反互换，突显时尚魅力。

设计灵感

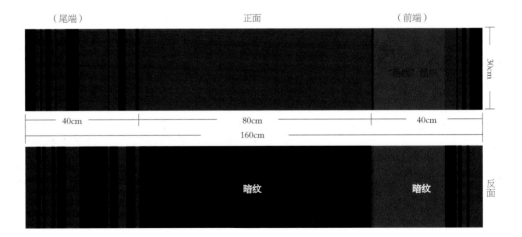

组织设计

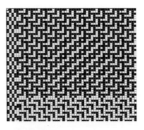

暗纹组织

条纹组织

纱线选择

经纱：涤纶 单纱

纬纱：腈纶 单纱 花式纱

经纬密度：14×20 根 /cm

陈品展示

　　作者 06 级黄朝阳同学设计的围巾更是别出心裁，织物可以根据结构的变化设计出正反两面不同色彩的效果，如果今天穿的是件艳丽的衣服，想搭配条黑色效果，围巾可以用黑色面，反之还可以穿着黑色衣服佩戴红色围巾。这体现了诺基亚手机彩壳随心换的广告效应。围巾随我心情换！

　　"礼品设计"这个题眼的确给了学生们很多发挥创意想法的机会，虽然绝大多数的同学都将这件礼物设计成为了一条围巾，但是我们却从每条不同的围巾中体会到了多臂织物的创作乐趣。而学生们的这些创意得益于老师们的共同努力，我们也是在尝试了多年的双师教学的经验总结中发现这样的优势，艺术设计指导教师尽量地拓展学生们的创意思维和想象能力，从审美与产品使用角度为学生们建立广泛的选题机会，而工艺设计指导教师就是学生们完成作品背后最好的军师。在织物设计的教学中，我们感触颇深，一个教学团队的配合默契程度是教学成果的绝对保障，反之，缺失的只有学生们。

第三部分

纹织物设计

Part Three Jacquard Fabrics Design

第三部分　纹织物设计
Part Three Jacquard Fabrics Design

【**课题背景** Project Background 】

　　在总结原有的织造与设计课程教学实践基础上，染织艺术设计专业于 2006 年 10 月新开设了一门专业主干课程——织物设计专题一、织物设计专题二，其主要内容有多臂织物设计、纹织物设计。2008 年 9 月，染织艺术设计系实行了工作室制的教学模式，该课程发展成为织物设计工作室多臂织物设计、纹织设计基础、纹织物设计专题。几年来，在教学内容、教学方法、教学手段上不断研究探讨，使教学效果得到大大提高。

【**教学手段** Teaching Means 】

　　2006 年 10 月之前，由于缺乏专业软件，纹织物设计仅仅停留在纹样设计阶段。

　　2006 年 7 月，专业教师参加了耐特公司纹织 CAD 培训，通过潜心钻研，掌握了纹织 CAD 应用技术，同时也得益于广州市源志诚家纺有限公司对教学的大力支持，免费提供一套荷兰产的纹织 CAD 软件用于教学中，使教学得以有效开展。

　　2006 年 10 月成功将纹织 CAD 软件用于织物设计专题二的教学中。

　　2009 年 3 月成功将浙大经纬纹织 CAD（网络版）应用于教学中。专业软件的运用，使学生真正懂得提花设计与印花设计有显著的差别。提花设计的效果不仅取决于纹样、色彩设计，还与织造过程中选用的纱线形式、原料、细度、组织结构、经纬密度、后整理有着密切的联系。通过 CAD 仿真模拟使学生感受到了提花织物色彩、肌理的形成，同时也深深意识到，在纹样设计中的色彩的运用直接关系到织物的结构，关系到生产的成本。

【**教学方法** Teaching Method 】

　　针对每个同学设计的差异性，采用理论知识集体授课，设计模拟阶段因材施教，个别辅导的教学方法，为使学生顺利将设计完整模拟出来，在指导软件应用过程中与学生共同商讨工艺设计方案，使每位同学的模拟效果都达到设计要求。

　　2006 年 10 月，首次将企业的实际课题引入教学中，并聘请企业的设计总监梁丽韫共同参加教学实践，使师生在完成实际课题过程中找到了不足，也得到了锻炼。

　　2012 年 7 月，在广州市源志诚家纺有限公司的大力支持下，学生的纹织物设计作业由原来的模拟阶段，通过织机织造实现了设计实物化。

何为仿样？我们初听起来就会觉得这是一种抄袭模仿的行为。不错！如果对于一个外行人来说，存在抵触的情绪是常理之中的事，但是行业内的人都比较清楚纹织物几乎是不可能"从天而降"的产品。言外之意，这类产品存在着极高的设计难度，从设计到生产打样都是一个极其复杂和困难的过程。

仿样设计是在保持原织物的规格、风格、组织结构基本不变的基础上，通过纹样的再设计、材料的选择运用，设计出满足生产设备条件的产品或成本更低廉的产品。这是在设计的初级阶段必经之路。在学习已有的设计，体验已有的设计过程中，通过对原有织物的解构和重构，体会纹织物的形成原理，深刻领会纹织物设计的细节，能够熟练运用纹织 CAD 对于不同类别的纹织物设计再现。仿样设计是对学生掌握纹织物设计全过程、设计内容、对软件应用的能力全面检查。

仿样设计阶段，我们主要教会学生们如何利用手中的面料实物完成基本的设计任务。

仿样设计的具体过程如下：

第一步：选择织物并分析织物。在每个课题中教师为学生们准备十几块不同组织结构和工艺特点的织物供学生选择。学生对所选择的织物进行织物分析，归纳总结出纤维种类、纱线形式、经纬排列、纱线细度、经纬密度、经纬向缩率、组织、风格、适用性等。

第二步：补花设计。学生在保留所选的织物局部纹样的前提下，根据所选择的织机装造及成品密度，确定花回的宽度和高度，进行补充花型设计。在补花训练过程中学生可以锻炼自己对花型种类和风格的快速定位以及构图能力。

第三步：运用纹织 CAD 进行意匠图设计，生成纹板模拟。

第四步：织物应用。

仿样设计是课程《纹织设计基础》的主要内容之一。

【教学目的 The Purpose of Teaching 】

纹织设计基础是艺术设计 (染织艺术设计织物设计方向) 专业的专业基础课。通过本课程的学习，使学生掌握纹织物设计的基础理论、基本知识和基本技能，培养学生的创造性思维及织花图案设计能力，提高图案造型能力和表达创意的能力。通过仿样设计过程，体验织物设计全过程，能够对不同结构织物进行分析，熟练运用纹织 CAD 软件进行纹织物设计，为以后的其他专业设计课程打下坚实的基础。

【教学方法 Teaching Method 】

1. 多媒体主题讲座：纹织物设计过程使学生获得织物设计的基本理论和基本知识。

2. 市场调查：对国内或国外一家或几家知名的家纺品牌做市场调查，了解装饰织物的发展与应用现状。

3. 搜集素材：通过对不同类别图案的收集，提高审美。

4. 织物分析：了解纹织物色彩纹样的形成。

5. 技法探讨：掌握纹织物纹样设计方法。

6. 补花设计：通过织物分析、纹样设计、组织设计、意匠图设计、织造工艺设计、运用纹织 CAD 生成纹板、模拟、应用，掌握纹织设计的全过程。

【教学工具及设备 Teaching Tools and Equipments 】

照布镜、分析针、镊子、电脑、纹织CAD。

【教学内容 Teaching Content 】

第一章　纹织物（大提花织物）与提花机

1. 纹织物的概念与形成原理
2. 提花机的发展与现状
3. 纹织物生产过程
4. 纹织物的种类

第二章　提花装饰织物的设计方法

　　1. 装饰织物的种类及特点
　　2. 提花装饰织物的纹样设计
　　3. 提花装饰织物的风格特征及发展趋势

第三章　纹织CAD

　　1. 纹样的修改、分色、去杂、接版
　　2. 样卡的设计
　　3. 组织的配置、纱线的设计或选择、模拟
　　4. 纹织 CAD 在不同结构的纹织物设计中的应用

第四章　大提花织物设计流程及方法

【作业要求 The Course Assignment and Requirements】

作业一：市场调查

　　1. 墙面贴饰类 2. 家具覆罩类 3. 地面铺设类 4. 窗帘帷幔类 5. 床上用品类 6. 卫生盥洗类 7. 餐厨类 8. 其他装饰、陈设类

　　从上述八类装饰织物类型中选择一类，对国内或国外一家或几家知名的家纺品牌做市场调查。

　　调查内容包括：品牌特色、产品种类、购买人群、材料等（相类似的纱线、面料的搜集）。

作业二：搜集素材

　　1. 花卉图案 2. 民族图案 3. 古典图案 4. 现代图案 5. 几何图案 6. 经典图案

　　从上述六类图案类型中选择两类，各收集十张创作素材（要求所收集的素材有借鉴价值）。

作业三：补花设计

　　1. 从所给的九块织物中选择两款进行织物分析及花型补充设计。
　　2. 设计方案通过后运用 CAD 进行模拟（熟练掌握软件操作过程）。

仿样设计中，对织物完整、准确的分析是基础。

织物分析的内容主要包括织物的类别、风格特点、纤维种类、纱线形式、纱线细度、经纬密度、缩率、经纬排列、各部分的组织。对于织物的风格而言，可以从视觉和触觉两个方面进行分析，纤维种类的鉴别方法常用的是燃烧法，这种方法对于纯纺和交织的织物有效，但对于混纺还要借助于染色、溶解等实验辅助鉴别。对于纱线形式、纱线细度可以采用与纱线版进行比较的方法鉴别。无论如何还是存在误差。在这里最难的是组织分析部分。常用的分析方法是在照布镜下拆纱过程中，记录各个交织点。最后再进行归纳整理。

织物组织分析的技巧：

1. 首先确定织物分析时的正面及上下。在分析的过程中始终保持正面朝上，上边在上，不能将织物进行旋转。

2. 确定经向、纬向。

3. 确定经纬排列。注意为了确定经纬排列进行拆纱时，在组织的交界处进行拆纱会更准确。

4. 分析各部分的复合组织。

5. 确定各个组织的起始点，使无论是织物的正面还是背面的组织都合得上，使交界清晰。

6. 检查在新的织机装造条件下，组织是否可以循环，浮线是否在允许的范围内，是否与原样的视觉效果一致，否则要对组织进行循环的修正。这一点很重要。

在织物分析的过程中，观察要仔细、要细心，更要有耐心、有信心，只要方法正确就一定能够分析出来。

任何事物都存在着细节，细节虽然是细小环节，往往被人忽视，但对生命却决定着生与死，对事物决定着成与败。纹织物不同于印花、绣花织物，其色彩是由经纬纱交织产生的，整体色彩更加和谐、含蓄，织物表面层次更丰富，肌理变化更多。在家纺领域，往往应用于高端产品的设计，因此对面料品质要求就更高。高品质的产品一方面体现在款式、色彩的搭配上，也体现在各细节上，如服装车缝线迹。纹织物设计也存在着众多的细节。在设计过程中，如若处理不当，将功亏一篑，前功尽弃。99% 的努力因 1% 的疏忽而归零。那么纹织物设计中细节都包括哪些方面呢？在设计中如何处理呢？

纹样循环

纹织物设计中纹样设计非常重要，直接影响到消费者的购买欲望。纹样分为单独纹样和连续纹样。在纹织物的应用领域除了如织锦画、特殊要求的布艺沙发面料、台布面料的设计外，多数应用于窗帘、床品、沙发、台布的纹样，都是四方连续纹样，这样在使用过程中不会因裁剪造成过多的材料浪费。另外由于目前织机的总纹针数有限，

在高经密的情况下，多数织机的纹针数不能满足在织物幅宽方向只有一个花回，因此也造成连续纹样的比例更大。在四方连续纹样的设计中，在完成单元纹样设计后，还要通过接版检查纹样上下左右是否都能连续，以保证织造出的整块织物都是完整的。否则就会影响织物外观，在接版处人产生错位、有被切割的感觉，使整个布面不够完美。对于纹织物设计而言，无法接版是最低级的错误，可以一票否决。织造企业不予考虑上机，必须在修改后才可以上机进行试织。对于单独纹样如织锦画，为了便于装裱裁切时不损坏画面，在设计中要加 2~3cm 的边，以保证画面的完整性。

织机装造的选择

由于纹织物的风格不同，选择纱线的细度不同、组织结构不同，因此经纬密度也有较大的差别。在同一花回尺寸下，由于经密不同就要选择不同的装造，如 5280 装造、4480 装造、4224 装造。4480 装造、4224 装造都是在 5280 装造的基础上通过抽针来实现的。当织物的成品经密接近且大于 88 根 /cm 时可选用 5280 装造；当成品经

密接近且大于 75 根 /cm 时选用 4480 装造；当织物的经密接近且大于 70 根 /cm 时选用 4224 装造。做纹织物设计要了解企业的织机情况，不能擅自修改样卡，否则会给企业带来新的成本。在缺乏织机数据的情况下，可先选择相适合的样卡先生成纹板，在上机前通过纹板间转换来实现纹板的修正。如同样是 2400 装造，不同企业边针、停撬针的位置有可能不同，但只要总纹针、主纹针相同，样卡的行列数相同就可以先选择使用。对于织造厂的工艺技术人员而言，在上机之前要认真仔细检查纹板，检查设计时所选用的样卡与本厂所用的样卡是否一致。

密度的选择

在新产品开发过程中，织物机上的总经密是由织机装造决定的，而纬密是由设计者根据组织结构及最终成品效果所选取的纱线细度来决定的。在相同组织结构下，如果选用不同纱线织造的结果就不同。选择粗的，织造时可能纬密达不到设计要求；纱线细了，交织形成的色彩可能不够饱满，甚至可能引起纰裂。密度的选择也会影响织物表面的光泽。因此，选择合适的纱线及密度对于开发成本起着重要作用。通常情况下密度的选择可以参照相类似的织物；其次是将纱线紧密缠绕的方法，确定其最大密度，再选择适宜的密度；第三种方法是借助于多臂全自动打样机，根据设计方案将各部分的组织都织造出来，再去调整，这样可以大大降低开发成本，提高设计方案的可行性。当然，如果有大提花打样机就更方便了，可以在机头或机尾随机打个样，检查一下组织结构设计得是否合理，在大批量生产中会不会存在经向张力不匀而造成开口不清，经常断经的问题。多臂织机由于综片的限制，因此对于组织循环超过 20 的很难实现。

经纬循环的选择

纹织物设计中经循环取决于织机主纹针数的多少，即主纹针数必须是设计经循环的整数倍，因此不能任意选择。纬循环包括表观纬循环和总纬循环。为了保证组织循环，因此各系统纬循环数应是各系统各个组织循环数的整数倍，同时也是各系统色纱循环的整数倍。在设计中设计者往往只注意表观的。

色纱循环的选择

通常当纬纱有粗细变化时或为了满足设计色彩的要求，但又不希望提高成本，就会将同一的系统用两种或两种以上的色纱进行排列。色纱循环不宜过大，因为在纹样修整时色纱循环越大，则修整的比例越大，设计尺寸变化就越大。

组织循环的选择

在组织设计中经循环的选择受主纹针数的限制，主纹针数应是各组织经循环的整数倍。纬循环数也决定于意匠的纬循环数，意匠图的纬循环数应是各组织纬循环的整数倍。最大组织循环数决定了最大浮长。一款纹织物允许的最大浮长取决于织物的最终用途。如床上用品面料允许的最大浮长是2~2.5mm，沙发面料3mm左右，窗帘可以夸张一些。组织循环还取决于成品经密。如果成品经密是120根/cm，允许的最大浮长为2.5mm，那么组织最大经循环可以达到30。但如果是8320装造，选择30就不合适了，选择32可能更合适，因为8320不是30的整数倍，组织不能循环。

组织设计

纹织物是有两面的，有些织物可以两面使用，有些只能一面使用。纹织物设计中最终追求的是面料表面视觉效果。但是提花与其他如印花、绣花工艺是不同的。印花效果取决于底布、色浆组成、工艺条件、印花设备，绣花效果取决于底布、绣线和针法。而提花面料的表面效果是由纱线、组织结构、经纬密度、后整理工艺及条件决定的。色彩是由经纬纱混出来的。不仅是平面混色，也包含有空间混色，光的反射作用。在组织结构设计时不是单纯表观组织的横向设计，还有各个意匠色纵向组织设计。在组织设计中既要考虑纵向组织间是否相合，也要考虑织物两面的横向组织间是否包含。相合主要是针对重纬组织而言。在重纬组织中，只有各系统组织间相合，才能保证各系统纱线间覆盖充分，保证设计纬密，才能使纱线受力均匀，使织物表面纱线均匀排列。组织间包含主要是针对织物表观的各组织间的关系，既包括正面，也包括反面。组织间的包含决定了各组织交界是否清晰，纹样轮廓是否完美。也可以避免在组织的交界形成长浮线，影响了外观，在使用中容易勾丝而影响织物的使用，甚至造成织疵。另外组织设计是与意匠图设计有关系的，意匠图设计不同，组织设计也不同。

肌理设计

在地纹设计中，当纹样较大时，设计地纹的工作量比较大，因此也可以先设计一个单元，然后将此单元作为图案铺在地色上，再进行局部的修改变化。为了使纹样能够循环，因此在地纹设计中其经纬循环的设计是非常重要的。单元纹样的总经循环是地纹经循环的整数倍，单元纹样的总纬循环是地纹纬循环的整数倍，保证纹样循环。

辅助线运用

在纹织物设计中如果存在纬纱粗细相差较大，存在着不同的排列比，如纬排列是 1A1B1A1B1C，在组织设计中存在着纬三重组织，由于局部纬密增加，就会需要设置停撬。可以在连续的意匠色上通过铺辅助线的方法，设置停撬色。纹织物设计是一个非常严谨的过程。

总之，补花部分在教学内容上侧重知识点普及，即学生根据手上拿到的一小块织物，尺寸通常在 10cm 见方不到的情况下进行花型补充和结构工艺分析。在这一过程中，学生们可以根据彼此间选择的不同面料进行相互交流和学习。虽然在短短的四周教学实践中每个学生最多可以做出两块面料的模拟训练，但是通过平时共同做作业的过程，可以了解到其他面料工艺的知识。这也是我们在长期教学实践中总结出的教学经验，对于学生的学习和教师的指导两方面都有着高效省时的优势。

第一步：织物分析

分析人：林楚红

指导教师：金英爱　阎秀杰

原样

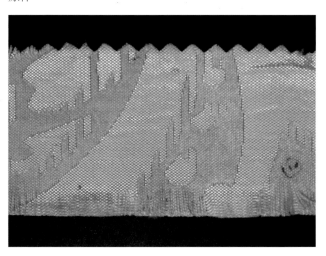

织物分析

织物类别：纹织物

织物风格特点：在视觉上，颜色以米白、米黄为主，给人朴素典雅的感觉；花型部分与地部分呈有光与无光的对比，边缘上的肌理显出花型的丰富，花型整体饱满。在触觉上，材料的选用略为粗糙。

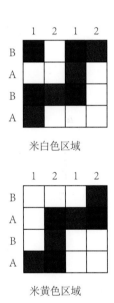

米白色区域

米黄色区域

类别	代号	颜色	纤维种类	纱线形式	纱线细度	纱线排列
经纱	A	白色	涤纶	单丝	20D	
纬纱	A	米白	人丝	复丝	300D	1A1B
	B	米黄	涤纶	股线	40S/2	
经纬密度	34×25 根 / cm（表观）　68×50 根 / cm（总）					
织机装造	4800 装造					

分析人：付丹娜

指导教师：金英爱　阎秀杰

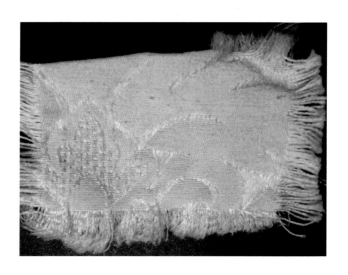

织物分析

织物类别：纹织物

织物风格特点：在视觉上，织物表面没有光泽，色彩素雅，以米白色为主，给人温馨舒适感；触觉上，表面粗糙，花型是大马士花，适合做窗帘面料。

类别	代号	颜色	纤维种类	纱线形式	纱线细度	纱线排列
经纱	A	乳白色	涤纶	网络捻丝	75D	
纬纱	A	米白	棉	股线	30S/2	
经纬密度	88×30 根 / cm					
织机装造	5280 装造					

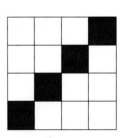

地组织

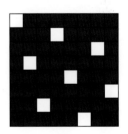

花组织

58

第二步：补花设计

补花设计要求

1. 保持织物原风格不变。

2. 保留所选的织物局部纹样。

3. 根据原织物经密确定织机装送，确定花回的宽度，高度自定。

4. 补充花型。

原样

尺寸：11×16 cm

花回大小：60×60 cm

设计者：刘晓璐

补花设计

原样

尺寸：10×10 cm

纹样设计

花回大小：75×84 cm

设计者：吴翠娟

补花设计

原样

尺寸：12×10.1 cm

纹样设计

花回大小：34×68 cm
设计者：林楚红

花回大小：80×40 cm
设计者：张欣妮

64

第三步：织造工艺设计

设计者：林楚红

指导教师：金英爱　阎秀杰

总经纬纱数：4800 根 ×3600 根

经纬纱总密度：60 ×42 根 / cm

表纬（A 纬）密度：32 根 / cm

里纬（B 纬）密度：10 根 / cm

纬纱排列：1A3B

	颜色	材质	纱线形式	粗细
经纱		涤纶	网络捻丝	200D
A 纬		涤纶	捻丝	200D
B 纬		棉	股线	30s /2

织物组织

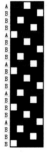
地组织

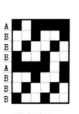
花组织 1

花组织 2

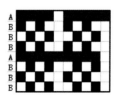
花组织 3

花组织 4

模拟及应用

　　纹织物的创新设计是在仿样设计基础上进行的，是纹织物设计专题的目标。

【教学目的 The Purpose of Teaching】

　　纹织物设计专题是艺术设计（染织艺术设计织物设计方向）专业的主干课，是专业设计课程之一。其教学目的和任务是：使学生了解纹织物不同设计程序，通过实践，能够合理进行产品构思定位、纹样色彩的设计、原料的选择、纱线的设计或选用、织物规格的设计、工艺设计，并应用纹织 CAD 进行模拟，同时培养学生的创新设计能力。

【教学方法 Teaching Method】

　　1. 多媒体主题讲座：纹织物设计程序，不同用途的装饰织物设计，服用织物设计。
　　2. 设计实践：通过实际或虚拟课程的设计辅导，掌握纹织物设计过程。

【 教学内容 Teaching Content 】

第一阶段：理论学习
第一章　纹织物设计程序
　　第一节　不同的设计程序对纹织物设计的影响
　　第二节　提花机发展对纹织物设计的影响

第二章　装饰织物设计
　　第一节　地毯织物设计
　　第二节　挂帏织物设计
　　第三节　床上用品织物设计
　　第四节　家具覆盖织物设计
　　第五节　卫生、餐厨类织物设计
　　第六节　旅游装饰织物设计

第三章　服用织物设计

第二阶段：纹织物的设计和纹织 CAD 模拟
　　自选课题，进行纹织物设计模拟。

【 课堂作业 The Course Assignment and Requirements 】
纹织物设计四张（A3）
要求：1. 要求必须以手绘为主，可以利用计算机来辅助设计。
　　　2. 花样大样、色标、换色方案三个以上、模拟效果图、设计说明。

世间存在着许多美好的东西可以作为设计的灵感，然而对它的发现和获取需要我们具备极敏锐的把握能力及独到的鉴赏能力和创造力。

因此，在纹织物创新设计课程中，培养学生应用艺术思维与科学思维并重的思维方式，激发学生从生活中发现美和创造美的能力；培养学生表达设计理念的动手能力；培养学生在纺织品创新设计课程中的创新能力，提倡创新的实验性和探索性，开拓学生的创新思维和视野。

纺织品创新设计是指用一定的创造方式、表达手段来表达和完成纺织品美的一种艺术设计，它要求既要有独特的艺术美感，同时又要具有纺织品的应用功能和市场属性。因此在教学中不仅要考虑纺织品的艺术美，还要考虑纺织品的织造工艺要求及纺织品的功能特性。

由于艺术院校的学生都具有很强的艺术天赋，学生在绘画艺术中形成了一种艺术思维的模式，大家通常会用形象化的手段表达认知过程中的感性与理性的矛盾，通过艺术的感性认知从生活摄取艺术创作的灵感，在艺术实践的基础上以具有审美价值的艺术表现形式来表达主观的感性认知。而工艺设计则采用科学的思维方式，是对客观事物的理性分析和研究，具有很强的科学依据和技术支持。在人类设计造物的过程中艺术思维与科学思维是相辅相成的，不是矛盾对立存在的。历史上每一个经典设计都是艺术与科学完美结合的产物。两种不同的思维方式在同一个体身上的统一有利于学生个性自由的发挥，有助于学生创造力的开发。

纺织品创新设计课程本身是培养创新能力和表达能力的课程，目的是让学生在课程中具备创新思维并进行有效的开发，以及驾驭设计理念的动手表达能力。因此在培养学生艺术创造思维的同时进行科学思维的训练和工艺设计。突破传统的思维模式，提高学生的创新构思能力，增加设计中的创造性和原创性，走出模仿抄袭的怪圈。

纺织品创新设计课程　　　　**创新思维模型**

创新设计实施的手段和作业方法也是多种多样的，我们认为对于创新设计产品领域的实践，院校的教学中可以实施两步走：第一步提出新颖的设计概念，与此同时利用发散思维、动手能力将其表达出来。在这一过程中可以诞生出两类作品：第一类是纯手工味道的手工编织类创意织物，第二类就是纹织物原创设计之前的设计表达。通过这两个环节，可以令学生们体会到非传统性的织物教学特色，即发挥艺术院校学生动手动脑的主动性是我们一直贯彻在教学过程中的重中之重。有了第一步，才可能产生第二步，即有一类趋于成熟的创意产品，有投放市场的可能性与可行性。

纹织物设计专题在教学内容上包括：提花床上用品面料的设计、提花窗帘面料的设计、提花沙发面料的设计、织锦缎面料的设计。这四个课题由于产品的用途不同，对面料的性能要求不同，在材质选择上、组织结构运用上有很大的差异。因此对于学生来说，通过接触四个课题的不同种类与使用领域的提花面料设计，可以更加有针对性地了解到提花织物的设计与工艺的结合点与设计生产特点，有利于学生在今后的实际设计项目中不会手忙脚乱、无从下手。

该课程的特点：教学时间为八周，要完成四个课题，从纹样设计、色彩设计、纱线选择、组织设计、意匠设计、织造工艺设计到 CAD 模拟，涉及的内容比较多。再加上提花设计的复杂性，在纹样色彩设计过程，只要在色彩色相上有一点变化，组织结构上就可能引发大的调整。而且在设计中既要考虑纹样是否可以接版，还要考虑组织可否能够接版，组织合不合，有许多的细节问题。学生在设计过程中，灵感来源不同，表达效果不同，结构差异性大，造成同样的床品面料设计，有单层结构，也会有重纬结构，甚至有双经多纬结构。对工艺指导而言需要个别辅导，完成该课题对于师生都是一次挑战，对教师来说更需要耐心。

为了解决 CAD 模拟问题，特别申请学校计算机房运用浙大网络版纹织 CAD 进行模拟。但即使这样，由于学生对于时间把握的差异性，纹样设计水平不同，对新工艺的接受能力不同，对软件运用熟练程度不同，因此课程结束后，模拟还持续了六周时间。因此后期是在工作室继续完成设计模拟。

主要存在的问题及改进措施：

八周完成四个设计，需要很高的效率，对于初学者而言，确有很大的难度，因此在今后的作业设计上，可有一定的选择性。计算机的配置要高一些，内存空间大一些，有助于提高模拟的速度。加强织物分析训练，提高学生在设计中对于材质的把握能力。

1. 从意匠设计入手的纹织物创新设计
Starting from The Plan of Weave

在织物结构设计完成的前提下，提花面料设计可以从意匠设计入手，在纹织 CAD 中完成。由于纹织 CAD 的广泛应用，使提花面料的设计无论原稿是手绘的还是用 PHOTOSHOP、CORELDRAW 绘制的纹样，最终还是要导入纹织 CAD 中进行意匠图修改、排纱、设计组织、生成纹板。意匠设计是根据纹样结合织物组织将花形放大并用点子绘在一定规格意匠纸上的图样，意匠图上涂绘的颜色代表织物中不同的组织结构，并不完全代表纹纹的色彩，也不必与纹样色彩完全一致。有时为了修改意匠方便，还会特地将色间拉大距离，使花界分明。但为了选择纱线色彩与组织结构设计，要尽量接近设计色彩。

如果在织物结构尚未确定的情况下，提花面料设计从意匠设计入手就存在明显不足。意匠图是用色彩表达不同的组织，因此是平面的。而提花面料本身是立体的，不同组织体现不同的层次、不同的光泽、不同的色彩，单用平面纹样造型的色彩表达，表达不完整、不直观。在组织配置过程中，往往表现为根据设计的色彩及以往的经验进行组织的配置，使组织结构设计目标重点放在如何体现色彩。运用较多的是原组织及其变化组织，缺乏组织结构的再设计，使最终面料如一碗清水，清澈见底，平淡无奇，缺乏细节。再则，提花设计从意匠设计入手，设计效果不够直观，很难就前期的花样设计有预先的感知，难以判断其结果的优良，对企业来说很难判断和决策。设计师与生产企业在纹样设计上沟通需要更多的语言描述，而不是借助图形语言的直接表达。

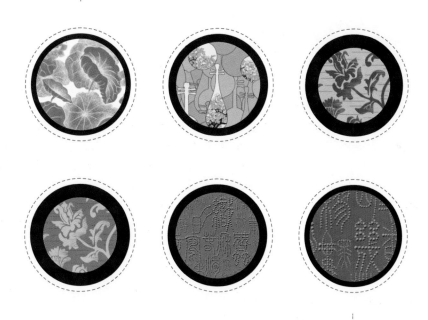

作品名称：轻纱的梦

设计者：黄健锋

设计灵感：

设计图：

花回尺寸：70×76 cm

设计说明：

　　离开繁忙的闹市，你有一片属于自己的净土吗？

　　本设计主要运用泥点的技法，在画面上营造出薄薄的轻雾效果，像铺上轻纱一样。荷花与荷叶稀疏的倩影，让人有一种仿佛置身于清幽的环境之中的感觉，使人忘却心中的杂念，安然入睡，进入甜美的梦境。

经纱：白色 涤纶网络捻丝 50D

纬纱：A 红色 人丝 捻丝 100D

　　　　B 黑色 人丝 捻丝 100D

纬排列：1A1B

经纬密度：128×160 根／cm

装造选择：8952 装造

组织设计：

贴图效果：

74

作品名称：花韵

设计者：黄健锋

设计灵感：

设计图：

花回尺寸：35.5×54 cm

设计说明：

"大弦嘈嘈如急雨，小弦切切如私雨。嘈嘈切切错杂弹，大珠小珠落玉盘。"

——唐·白居易《琵琶行》

"花开花落二十日，一城之人皆若狂。"

——唐·白居易《牡丹芳》

　　本设计运用了唐代盛行的乐器（琵琶、阮）和牡丹花，通过重叠、减却的方法构成。并运用不同的组织，使乐器形成叠加的效果，丰富了视觉效果，组织了一幅既有牡丹气质，又有乐器节奏韵律的画面。

用途：服用面料

经纱：黑色 涤纶 网络捻丝 30D

纬纱：A白色 人丝 捻丝 75D

　　　 B灰色 人丝 捻丝 75D

纬排列：1A1B

经纬密度：131.5×130根/cm

装造选择：4800装造

组织设计：采用重纬结构

模拟图

贴图效果

作品类别：提花服用面料设计

设计者：邵招

设计图：

花回尺寸：40×50 cm

设计说明：

我们即将走完对我们来说最为重要的大学四年，这四年的光阴，有喜有忧，点点回忆都是那么可贵，在我们最艰难、最低落的时候，不但有我们的朋友陪伴，更有我们的老师。仅以此诗献给我们敬爱的老师：

四度春花化绸缪，
几番秋雨洗鸿沟，
黑发积霜织日月，
粉笔无言写春秋。
蚕丝吐尽春未老，
烛泪成灰秋更稠，
春播桃李三千圃，
秋来硕果满神州。

模拟图

贴图效果

在纹样设计上，采用中国的古代篆书与现代盲文结合，将诗文的内容打散排列，充满浓浓的中国韵味。

经纱：A涤纶 捻丝 50D
   B涤纶 捻丝 50D
经排列：2A2B
纬纱：A 涤纶 复丝 120D
   B 涤纶 复丝 120D
   C 涤纶 复丝 120D
纬排列：1A1B1C

经纬密度：131.5×108根/cm
装造选择：4800装造
组织设计：纬三重组织

换色方案：

在提花纹样设计中可根据设计的纹样形式要求选择材料作为纹样的肌理表达，运用材料与纹样的置换达到设计的目的。置换纹样表达的设计理念的优点是其材料、图形、肌理、色彩等属性更加直观，视觉表达更加准确，其最终的效果一目了然，不用更多的语言描述，给人更多想象和联想。这样一来就可以事先预测到提花织物织造完成后的视觉结果，表达完整、准确、清晰。

自07级开始纹织物设计专题的教学，与过去的不同点在于，在纹样设计阶段，过去主要采用手绘或计算机辅助设计，使设计停留在平面，提花织物的立体效果没有真正体现出来，表达不完整、不直观。而本次教学要求在纹样设计阶段，要求学生在纹样造型、构图、色彩确定的情况下，用材料置换。即本次课的创新点在于增添了纹织物设计表达环节的训练，要求学生从艺术设计角度挖掘纹织物设计开发特点，能利用手工以及激光切割等技术与工艺手法展现面料的视觉与触觉效果。在六周时间内要求每个学生完成两幅从设计表达到工艺生成的完整纹织物设计作品。从最终效果来看，学生在组织设计、材料运用上都有较大的突破，作业质量有了较大的提高。学生们通过本次课程可以真正地感受到艺术设计与工程技术的相互融合。该专题训练收到了较好的教学效果。由于设计表达富有创意，加大了组织设计的难度，学生所用的时间远远超过计划学时，但在不断调整完善设计方案的过程中，培养学生遇到问题，能够分析问题、解决问题的钻研精神。

作品名称：Funny

设计者：邵招

产品定位：窗帘

人群定位：6~12 岁儿童

设计说明：

    通过重经重纬的组织设计和色纱的粗细设计，使织物的密度产生变化，再利用剪纱的工艺，使面料的局部产生通透感，将圣诞的色彩应用进去，红与绿的搭配更增加了趣味感。

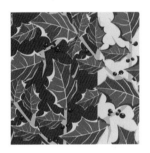 

织造参数设计

类别	代号	颜色	纤维种类	纱线形式	纱线细度	纱线排列
经纱	A	17-5528TPX	涤纶	股线	40S/2	1A1B
	B	14-0760TPX	涤纶	股线	40S/2	
纬纱	A	18-1764TPX	涤纶	股线	30S/2	1A1B1C1D
	B	17-5528TPX	涤纶	股线	30S/2	
	C	17-5528TPX	涤纶	股线	30S/2	
	D	14-0760TPX	涤纶	股线	30S/2	
经纬密度	88×30 根 / cm					
织机制造	5280 装造					

作品点评：

　　该作品的设计出发点是从纹样设计表达开始着手的。如右图所示，如何能将织物通透与饱满的混合效果进行淋漓尽致的表现是该作品创意设计的出发点。利用一块透明的薄纱与表面圣诞树叶的虚与实的对比表现，可以帮助作者完成后期的工艺设计。在设计表达过程中，就了解织物的创造性价值——对于窗帘的使用目的以及视觉效果两方面而言，通透和透光性成为该块织物的最大卖点，它不仅仅是停留在纹样造型的设计阶段，而是很好地发挥了织物的使用价值以及审美价值的双重作用，达到意想不到的设计效果。

作品类型：提花床上用品织物设计

作品主题：雾中花

设计者：陈玉冰

设计说明：

　　家居设计中越来越多地融入极具女性特色的元素和色彩，绚烂的花朵，妖娆的枝叶，家装的每个角落都能嗅到浪漫的女性气息。所以本次设计的纹样也选择花朵这一主题，仿照枯叶的姿态，描绘花瓣，达到斑驳多层次的效果。斑驳残缺的花瓣相互层叠，带来一种残缺的美。整个图案配搭色彩为浅米灰色，中性色为家居带来温润之感。

　　提花装饰面料相对于印花装饰面料在图案上具有更立体的效果，这是提花装饰面料的优势。为了使图案更具立体感，层次更丰富，在花稿的设计上更加入了褶皱和层叠纱的效果。整体工艺组织设计运用到双层停撬结构，上层浅色花瓣采用涤纶单丝，织造出透明纱的效果；下层花瓣采用涤纶网络丝材料以及收缩丝材料，织造出收缩褶皱效果。纱层叠在褶皱的花朵之上，图案层次更丰富。

设计表达：

纹织 CAD 模拟图

换色方案

纹织 CAD 模拟图

应用贴图

作品类型：提花服用面料设计

作品主题：墨色飞舞

设计者：雷雪红

设计说明：

　　樱桃的万绿丛中一点红的可爱与变化的水墨笔
触融合在一起，给人极有层次的古典美，适合做服
用面料，以旗袍为最佳。

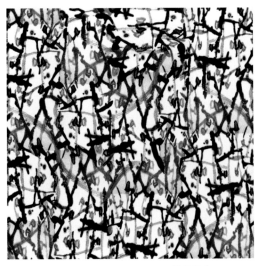

纹样尺寸：36×36cm

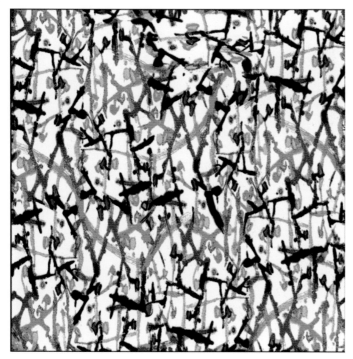

纹织 CAD 模拟图

应用贴图

作品类型：提花窗帘面料

作品主题：树·斑

设计者：刘庆华

设计说明：

  用树皮的肌理来呈现面料的凹凸感，在一道道的裂痕中看那些以前没留意的东西。采用重纬组织用不同的纱线混出不同的颜色，更粗的纱线能使黄色部分的凹凸感更强烈。

作品类型：提花窗帘面料

作品主题：纱树

设计者：钟卡迪

设计说明：

　　叶子掉落了，花朵渐渐低头了，老树的选
择是不断往上长，还是停在某一处欣赏这个高
度的风景呢？人生总有很多选择，正如图中所
示，不一样的人看到不一样的风景，选择的只
是一个条件，利用这个条件活下去才是最需要
思考的。工艺上，利用三层组织结构，表面一
层只有很少部分的接结处，第二第三层附在表
层后，织物最后必须用剪花工艺，以实现此织
物的通透感。

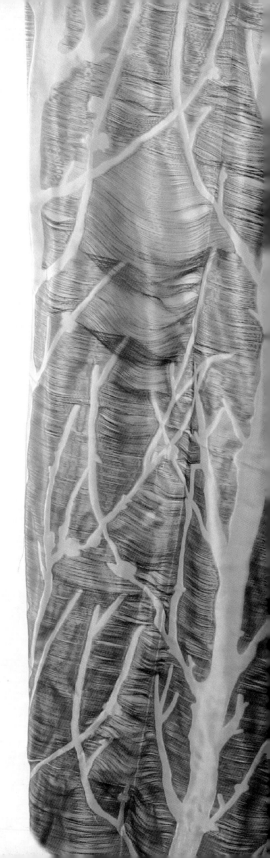

作品类型：提花抱枕面料
作品主题：润物细无声
设计者：聂曲聆

设计说明：

  卷草纹式是中国传统纹样之一。结构舒展而流畅，饱满而华丽，生机勃勃。在渐变的设计手法下，原本老气的卷草被赋予了新的生命力，显得朝气蓬勃。雨点般隆起的肌理，纹样虽无变化，却使得手感上有了新的感受，正所谓"润物细无声"。

93

作品类型: 提花沙发面料

作品主题: 乐·动

设计者: 吴鉴明

设计说明:

    条形码与吹萨克斯的人物结合, 黑白对比强烈, 黑色人物的渐变和白色人物的完整对比, 让整个画面显得生动有层次。纱线采用涤纶纱及雪尼尔纱, 有三个系统, 用于沙发, 耐用性较好。

作品类型：提花床品面料设计

作品主题：风云变幻

设计者：聂曲聆

设计说明：

  云纹是古代的吉祥纹样，将它结合欧式大马士革的骨骼进行变化产生了新的韵味。块状的肌理，通过疏密大小的变化产生了渐变的层次，纹样有实有虚，忽明忽暗就好像变幻莫测的风云。

作品类型：提花窗帘面料

作品主题：繁&简

设计者：曹丽怡

设计说明：

　　青花窗帘纹样，直接保留了青花瓷上古典又时尚的花型，青花瓷的经典蓝白相搭配，时尚美感，缤纷发散延伸，让你的家也呈现出优雅气质。各个花头独特有致，黑、白、灰、点、线、面相结合，层次感丰富。用在现代家居中时尚升级。主要采用重纬结构，运用具有垂性耐晒的涤纶网络捻织成缎纹窗帘面料。

第四部分

织物及其
应用设计

Part Four　Fabric and
Its Application Design

第四部分　织物及其应用设计
Part Four　Fabric and Its Application Design

【课题背景 Project Background 】

　　织物设计及其推广应用是织物设计工作室总的课程结构，装饰织物的应用及展示陈设是织物设计及其推广应用框架中的一个重要环节。

　　装饰织物的应用及展示陈设是在前期织物设计课程的基础上设定的一个环节，着重讲授装饰织物的分类、装饰织物应用空间分类及要求、装饰织物在不同空间的应用技巧、色彩的搭配方法、材质的选配原则、风格解析、功能的满足、款式的搭配、装饰织物展示设计的基本原理及陈列技巧等，使装饰织物的应用及展示陈设课程结构更加清晰、逻辑性更强、更加系统化。

　　装饰织物的应用领域非常广泛，几乎涵盖了我们生活中的方方面面，扮演着举足轻重的角色。

　　装饰织物的种类可分为两大类：室内装饰织物和交通工具内的装饰面料，室内装饰织物又分为地毯织物、挂帏织物、床上用品织物、家居覆盖织物、卫生、餐厨类织物、旅游装饰织物等。装饰织物的种类繁多，工艺复杂，不同的材质、不同的肌理、不同的图案、不同的格调定位、不同的色彩搭配在实际应用中很难选择和把握。如何诠释出装饰织物的应用之美呢？运用展示陈列的手法演绎装饰织物是最好的表达方式。展示陈列教学实践过程是将展示陈列专业基础理论、风格解析、陈设实践、方案设计等相关知识点串联起来，在每个环节都结合案例进行分析，在作业设置上做到理论与实践相结合，通过社会实践使理论知识在实践过程中得到验证。

　　在室内装饰设计中，除了硬装设计以外，软装设计也占了相当大的比例，而且在软装饰中装饰织物起到了一个主旋律的作用，往往在风格的阐述中起到画龙点睛的功效。

　　对装饰织物的风格把握和理解，对不同面料之间的搭配、材质的对比、色彩的协调、空间的构图、灯光的渲染等这些要素是展示陈列的关键部分。好的展示陈列能体现出纺织品的艺术张力和视觉感染力。

　　室内纺织品在营造气氛中也是最富有表现力的，是营造艺术氛围和赋予艺术感染力最好的媒介。在展示陈设中往往会运用对比的手法，使不同材质的面料之间产生相互碰撞和对接来突出格调，运用不同色系之间的对比搭配来糅合艺术与美感，运用空间的构图和灯光的渲染来延续和营造某种气氛，烘托主题。

　　用装饰织物面料来柔和、弱化室内的棱角，调和室内空间的气氛，用各种不同的陈列手法将装饰织物面料在不同的空间中进行更好的演绎。

　　织物及其应用设计专题是在软装整体配套设计这个大的概念下应运而生的，它围绕着整体设计、整体搭配的理念，制定了相关的教学内容。装饰面料的应用及展示陈列课程，将装饰面料从研发领域推向应用领域，使装饰面料得到进一步的延伸和扩展。

【教学目的 The Purpose of Teaching】

　　织物及其应用设计专题是织物设计工作室的专业课。其教学目的和任务是：使学生掌握装饰类纺织品应用设计的分类、基本原理，掌握纺织品应用技巧，学会运用不同手法表达不同类装饰类纺织品的展示效果。了解国内外纺织品应用设计动态及应用艺术设计规律。掌握装饰面料应用设计的工作流程与方案体系构建，能准确地把握设计风格、风格的基本构成元素、风格的搭配、风格的运用技巧，能够为室内空间设计及整合运用纺织品。

　　培养学生的团队意识和合作意识，激发学生积极思考和讨论，共同对案例进行分析、实际操作，从而培养学生分析问题和解决问题的能力。

【教学方法 Teaching Method】

　　在教学中，采用多种形式和手段进行教学。包括多媒体讲座、课堂讲授、随堂辅导、考察学习，使学生逐步掌握纺织品设计、应用及展示设计的基础理论、基本知识和基本技能，提高展示技巧和表达创造构思能力。

【教学工具 Teaching Tools and Equipments 】

　　准备相关不同风格及用途的面料和饰品；剪刀、胶水、胶带、美工刀；A2 规格的底板、装饰边条；选择合适的硬件和软件进行图片处理及打印。

【教学内容 Teaching Content】

第一部分 装饰类纺织品
　　装饰面料应用概念；装饰面料应用空间分类及要求；装饰面料风格的基本构成元素、风格的搭配、风格的运用技巧。

第二部分 装饰面料在不同空间的应用
　　装饰面料应用设计动态及应用艺术设计规律；装饰面料设计的工作流程与方案体系构建；装饰面料应用案例分析及应用实践；装饰面料展示陈列实践。

【课堂作业 The Course Assignment and Requirements】

专题一
风格解析／织物面料的应用
　　以快题的形式任意搭配几款织物面料，强调面料搭配之间的关系，并能够准确地表达出主题风格。

专题二
空间解析/面料的应用
　　自定义一个商业空间或家居空间，设定空间内的功能及风格，整合与纺织品相关的物料，结合风格用品制作概念板、风格板及材料样板（材料包括：家具、灯具、墙纸、石头、木饰、地毯、布料等）。

作品名称：海蓝风情
作者姓名：林娱

设计说明：

　　作品的灵感来源于古文明的发源地地中海，将海洋元素应用到设计中，在色彩上，以蓝色、白色、黄色为主色调，看起来明亮悦目。以蓝白色为基调运用条纹、蓝麻布、首饰与花作装饰，表达出地中海独有的海蓝风情。

作品名称：静心

作者姓名：钟卡迪

设计说明：

　　日本茶道艺术的核心是禅，所以茶道是一场静心清魂的佛事。这是一个充满禅意的国度，本设计根据日本茶道文化的核心思想与色彩配搭，运用了大量棉麻面料，悠闲而不失稳重，添加了些许丝绸面料，体现优雅庄重的感觉，加入的少量手工编织材料，追求自然、质朴。颜色主要有茶色、墨绿、浅绿、黄绿、大地灰、鹅卵色、树干棕、褐色，营造出空寂、冥想的意境。

作品名称：奢侈浮华

作者姓名：陈丰

设计说明：

　　作品采用现代科技和工艺生产出来的材料来表达奢华，运用高光油漆、亮光金属以及亮光皮革，也更多地使用黑色、白色，使它所表现的奢华气质更具时尚感。 面料上选用欧式纹样与皮料进行混搭使用，以金属质感注释奢华艺术，色彩选用明暗对比强烈的色系加上纯色作为点缀强调线条的柔美，体现一种精致的生活品位。

作品名称：简约生活

作者姓名：梁权福

设计说明：

以个性时尚风格为主题，展现一个个性时尚、明星风范的格调。鲜明的个性展示风格。

整体是一个强烈的黑白对比色调，同时又带有些许的个性。现代时尚风格的结合，再融入个性有品位的时尚感，体现出一个享受生活、品味生活的室内主题风格。

作品名称：邃夏

作者姓名：何结玲

设计说明：

    在这炎炎夏日，具有蓝白色调的色彩给人们带来清新的凉意和心灵的净白。清爽的蓝白色彩搭配营造了一种宁静舒适的气氛，让人忘却了燥热。《邃夏》，一个以航海为主题的展示空间，颜色以清爽的蓝色系和净白的白色系为主，空中吊挂的鱼儿带领人们进入海洋世界，浪漫虚幻，引人入胜……

    人们从炎热的陆地游往深邃的海洋，让人产生时空交错的美感，奇幻至极，仿佛回到生命的最初。宁静·纯粹·深邃的主旋律在这空间中一呼一吸着……

作品名称：经典黑白灰

作者姓名：曹丽怡

设计说明：

    作品以经典黑白灰为基础，运用高技术的表达手法来体现作品的金属感、时尚感、个性感。简约大方，色彩以经典的黑白灰为主，在不同的光线下，显现出以冷色调为主的色彩氛围，体现一种以刚强、直线、力量为主的感觉。面料采用有光泽的布和纱，较少运用纹样，通过面料质感来表现层次。作品适合一些有尊贵地位又追求个性的年轻人群。

作品名称：大海与沙滩
作者姓名：李嘉琪

设计说明：

    本设计采用的是清新自然的色调。清澈的海水、斑斓的小鱼、明媚的太阳是大自然给我们的精华。采用丝、棉混搭呼应，单薄的面料，水手式的条纹，活跃明朗地呈现出来，搭配得淋漓尽致，令人对大海充满着激情与期待！

作品名称：南亚风情

作者姓名：吴鉴明

设计说明：

    崇尚自然、原汁原味的东南亚风格是现代人追求的生活理念。其家具大多都是就地取材，如藤、海藻、木皮等天然材质，让人感觉到浓烈的自然气息。色彩大多以褐色为主，配上淡淡的原木以及少量艳丽的丝质皮质面料来点缀，显得清雅大方、自然脱俗。

作品名称：酒店软装配套设计

作者：马小龙

设计说明：

　　作品的灵感来源于中式的传统建筑风格，中式建筑的构建、材料、工艺、美术乃至各种摆设，都无不浸润着数千年中华文明的滋养，显得如此美妙。作品以雅致为题，充分反映中式设计，以黄色暖调为主，显得优雅大方，在布料上以丝绸为主结合丝绒加以表达，工艺方面采用了绣花工艺，较好地体现了雅致中国风。

作品名称：名人时尚别墅软装配套设计

作者：梁权福

设计说明：

　　以个性时尚为主题，强烈的黑白色彩对比的同时又带有个性的时尚感在里面，体现的是一种享受和品味生活，张扬个性的时尚风格。

作品名称：印度洋西部塞舌尔岛度假酒店软装配套设计

作者：张欣妮　王小红

设计说明：

    在繁华璀璨的都市中生活久了，人们往往更向往在遍布烁石的海湾和波光粼粼的大海上过远离烦嚣、品味宁静的生活。而我们在现代的海边度假酒店室内设计的基础上，为印度洋西部塞舌尔岛上的一家度假酒店的室内软装饰风格定为华丽清新的乡村风格。

    印度洋西部塞舌尔岛度假酒店的室内软装主题为"流沙之星"。从一片细细的流沙之中脱颖而出的贝壳，在贝壳细致精巧的纹理和闪烁着不同寻常耀眼的光芒中寻找灵感。酒店从整体到局部的空间，根据每个空间实用功能的要求，从不同形态的贝壳中提取主体颜色、材质、造型、纹理等各种元素，使之与周围的大自然环境相互衬托、相互融合。

作品名称：广州颐和高尔夫庄园别墅软装配套设计

作者：陈伟玲　冯佩文

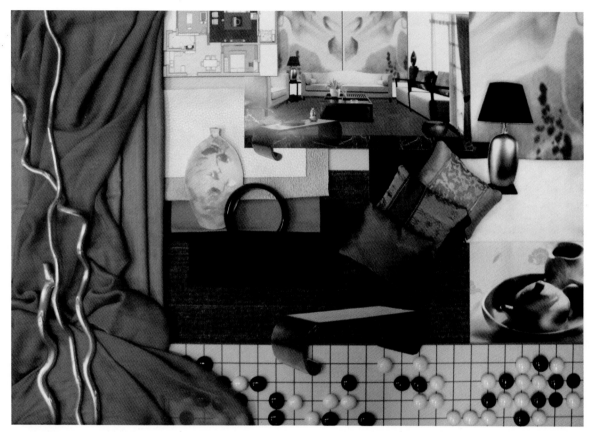

设计说明：

在这物欲横流、灯红酒绿的社会，人们已经对此感到厌倦，开始寻求精神的寄托。本设计灵感来源于对中国传统水墨的体会。水墨画是中国文化的精髓，水墨随意变化，看似无意却有意；讲究气韵，追求意境。因此，我想通过"墨迹"这一主题来表现现代中国风的软装设计。从"墨迹"中感受广州颐和高尔夫庄园别墅设计作品的大气、意境和中华民族的文化底蕴。

作品名称：澳门四季酒店软装配套设计

作者：陈永扬

设计说明：

　　"四季酒店"的选址位于繁华市区，周边都是高楼林立，怎样才能在这种高节奏的地段营造出一种让你置身度假酒店的感觉呢。为了能够让顾客感受到世外桃源的生活，我们使用了简约化的新中式视觉语言。整体的空间是以新中式风格为主线，但没有古中式的痕迹存在，连接着本身的优雅融入居住空间的文化内涵与底蕴，把现代居住空间带入到返璞归真的那份纯净与安宁，秉承大自然的玄奥和美妙，营造出写意与浪漫的生活氛围。莲的家具风格突破传统意义上的中式浓郁、雅致、低调、简约。保留中式的情趣与审美，莲与水的灵动让整个空间色调明亮舒缓，亮眼而松快，在细节的处理上注重对中式的符号改良。

第五部分

毕业设计
及校企合作项目实践
Part Five   Graduation Design and Practice of
School Enterprise Cooperation Project

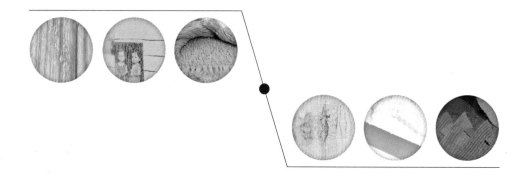

　　毕业设计是教学计划中最后一个教学环节，是各个教学环节的继续、深化和扩展，是锻炼学生分析问题、解决问题、综合能力提高的重要阶段。毕业设计作品最终都要在毕业大展中以实物的形式展示出来，为此在选题的时候要考虑在展示作品时将向观者传达什么。

　　选题要有实际意义，要有实用价值，倡导产品设计既要有较高的艺术水准，又要有广泛的实用性和适销对路的市场生命力，是对未来设计思维的一种启发，是对当今产品设计的一种探索，是对未来消费的引导。

　　选题要具有前瞻性。织物设计最终是纺织材料的设计，它有特殊性的一面。它不仅可以是服用织物设计、家用织物设计，也可以是产业用织物设计，可以侧重于织物的色彩、纹理风格设计，也可以是满足最基本需要的功能、耐用性设计。

　　在完成设计的过程中会遇到各种难题，需要不断地克服，为此选题更要有价值，使学生有激情，愿意为之而努力。当然并非指导老师必须曾经完成或参加过同类项目的设计才有资格去指导。指导教师经分析确有完成该选题的可行性，又具有开发的价值和意义，就有义务去鼓励其实现。织物设计由于具有一定的难度，具有很强的研究性。在遵循教师主导和学生主体相结合原则的同时，师生可以共同研究、探索。

【教学目的和任务 Teaching Purpose and Task 】

毕业设计是学生四年本科专业学习的总结和汇报，也是专业教学的重要实践性环节，是对学生专业能力的综合训练。毕业设计的目的是训练和检验学生综合知识的应用能力、研究和实际操作能力。

【教学方法 Teaching Method 】

1. 课堂讲授、开题报告、集体研讨、个别辅导、集体讲评等。

2. 毕业设计采用多种形式和手段进行教学，提倡启发式、讨论式和研究式的互动教学。重视学生在毕业设计过程中的主体地位，培养学生收集和处理市场信息的能力和敏捷的思维能力及动手能力。

【教学内容 Teaching Content 】

选题辅导
开题报告设计方案
深化设计方案
毕业设计制作
展示设计

【课堂作业 The Course Assignment and Requirements 】

毕业设计分"多臂织物设计"、"纹织物设计"、"创意织物设计"、"艺术织物"四大方向，学生自由选择其中一个方向进行创作，作品必须以"实物"的形式参加毕业作品展。

【教学质量标准 Teaching Quality Standard 】

1. 选题具有实用价值，倡导产品设计既要有较高的艺术水准，又要有广泛的实用性和适销对路的市场生命力，毕业设计应尽量采用"真题实做"的方式。

2. 突出学生的创造性思维和独立研究能力的培养，强调学生自主学习、发现、分析和解决问题的能力。学生应学会运用专业理论和专业知识融会贯通并运用所学技能和方法来完成设计课题。

3. 加强学生收集和处理各类信息的能力、设计定位的能力、设计管理与协调合作的能力，学会整合各种设计资源来表达设计理念和达成设计目标。

4. 强调设计过程，注重每个环节的操作实效，尤其强调学生自我管理和设计管理的能力、沟通能力和团队的合作精神。

【毕业设计指导 The Guidance of Graduation Design 】

金英爱、阎秀杰、曲微微、高树立

对于艺术设计专业学生而言，是否要完成毕业论文是一个有争议的话题，如何写毕业论文、做毕业设计，是很多人都在探讨的问题。

染织艺术设计专业培养具有较强的现代创新意识和市场观念，具有纺织品艺术设计的专业特长，能在企事业设计部门、科研机构、专业院校从事纺织品艺术设计实践、教学、科研、设计管理的高素质应用型人才。染织艺术设计专业教学大纲中明确指出："毕业设计是学生四年本科专业学习的总结和汇报，也是专业教学的重要实践性环节，是对学生专业能力的综合训练。毕业设计的目的是训练和检验学生对综合知识的应用能力、研究和实际操作能力。""毕业论文是考察学生的专业理论水平和写作能力的重要环节。目的是使学生掌握学位论文写作的基本原则和规范，通过自选课题的研究，对大学阶段所学的专业理论知识作总结性的整理，基本学会综合运用所学知识进行科学研究的方法，对选题有一定的心得体会，提高专业理论水平和写作能力。"而现今许多人基于艺术设计专业本科生毕业论文普遍存在质量差、水平低的现象，对艺术设计专业本科生撰写毕业论文的必要性提出质疑，更有甚者提出取消毕业论文。但事实上撰写毕业论文、进行毕业设计这在大学四年中是必不可少的重要环节，在撰写毕业论文的过程中通过对大量相关书籍阅读、信息的查询、市场调查，归纳总结，提出论点加以分析论证，并为自己设计实践从理论上找到了论据，可以大大提高专业理论水平、科研水平和表达能力，所以绝不是可有可无的，关键在于如何要求，如何指导。

一、毕业论文可作为毕业设计的可行性的理论和实践论证

教学大纲要求学生撰写与毕业设计选题相关的论文一篇。选择毕业论文的论点应与毕业设计方向相关，最好是与毕业设计同步进行。在时间不允许的情况下，也可以是毕业设计项目可行性的理论研究，这样无论从论文还是设计都有一定的深度和高度，而不会流于形式，停留在东拼西凑，不知自己要表达什么，使得人们怀疑是否有写论文的必要。

[图5-1]

06届毛建节的毕业设计是仿生织物的设计（见图5-1），其毕业论文是《仿生织物的研究与开发实践》，其目的在于从仿生设计学的角度出发对动物、植物的外部形态、功能原理、内部结构进行研究分析，通过艺术处理手法及织物结构的设计将仿生运用到织物设计织造上，开发出令人耳目一新的面料，不断提升面料的原创水平，以提

高面料的附加值，提高家用纺织品设计的整体水平。

毛建节同学用自己亲身设计实践——仿蝴蝶织物设计的研究与开发实践，有力地证明了从仿生设计学的角度出发进行设计，是织物设计的一条行之有效的创新之路，对织物设计工作具有现实的指导意义。其论文被评为优秀论文，毕业设计为优秀设计。

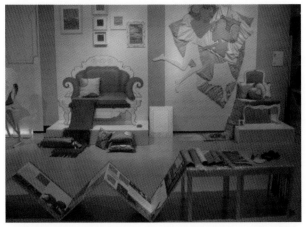

图5-2

07届阎秀杰、代允涛的毕业设计布得布爱（见图5-2）是以创意面料开发为核心，以音乐灵感启发应用于织物色彩上的设计，产品中融入情感化的设计理念。阎秀杰的论文为《装饰织物情感化设计》。以唐纳德·A·诺曼在情感化设计中必须考虑三种不同的水平：本能的、行为的和反思的理论为指导，作者从这三个角度来分析装饰织物设计所体现出的不同的情感化设计，并着重通过音乐与织物的融合实验进行详细论证。其研究意义在于，把情感化设计理论融入到装饰织物设计，达到美感与可用性的统一，使"有魅力的织物更有情"。这对于装饰织物的设计将开辟出一种新的设计思路。以古典名著《梁祝》作为装饰织物设计构思的灵感来源，将音乐色彩感受融入织物色彩设计这也是首创。立意独特新颖，论据充分，论证有力，文笔流畅，段落章节过渡自然，被评为优秀论文。

图5-3

07届莫许光毕业设计是保暖机织物的设计（见图5-3），其论文为《保暖性织物的研究与探讨》，在论文中通过对保暖原理的研究、影响织物保暖性因素的分析及对他人对保暖内衣开发实践的总结的分析，从中得到启发，提出在针织保暖内衣的设计中采用的多层夹芯结构也同样可以用于机织保暖织物设计中，改善保暖织物的现状，并提出自己的设计方案。不能不说是一次成功的借鉴、移植，也为后期的毕业设计做了理论上的准备。

艺术设计的学生文化基础普遍比较差，许多学生不知如何撰写论文。因此在写论文之前集中对学生进行论文写作辅导是非常必要的。同时作为指导教师可能更要细心，做细致的辅导。当然这样确实要付出很多的心血，但当您看到他的进步，看到他在成长，你不也很有成就感吗？要善于发现学生的闪光点，哪怕只有那么一点。

二、选题要有实际意义，要有实用价值

毕业论文选题应有现实指导意义，不能选择缺乏新意的题目，最好是能结合自己的毕业设计，对于毕业设计中相关的问题进行探讨，这样可保持毕业论文、毕业设计两个阶段思维的连贯性。毕业设计作品最终都要在毕业大展中以实物的形式展示出来，为此在选题的时候要考虑在展示作品时将向观者传达什么。06届毛建节、陈灵辉的仿生织物设计——仿蝴蝶、仿蛇织物，并非传统、定型的设计，而是一种概念的设计、创新的设计，向人们传递的是一种设计新思想、新思路。07届阎秀杰、代允涛的布得布爱，是将音乐中的色彩感受应用到情感织物设计中，向人们传递的也是一种设计新思想、新思路。07届莫许光保暖机织物的设计，突出织物的功能性设计，是将针织保暖内衣设计中成功设计原理方法运用到机织保暖织物中，是一种行之有效的设计，具有广阔的应用空间，具有很强的实用性和开发的价值。

艺术设计专业的学生在思想上没有那么多的框架束缚，即使是已学过的知识，如多臂织机具有综框数的限制等，到他们设计时早已忘到九霄云外去了，总是会产生意想不到的想法。他们经常提出，我想做什么，应该可行。他们头脑中会有许多创意涌现，他们的设计强调与众不同，喜欢别出心裁。这也正是这个时代、这个社会，尤其是我们国家亟待重点培养的人才即创新型人才的需要。尊重他们的创意，及时发现有价值的创意，启发他们的思维，指导解决在设计过程中遇到的难点，是每个指导教师应具备的能力，也更是职责所在。要与同学成为朋友，真正将自己投身其中。在共同研究过程中使学生提出问题、分析问题、解决问题的能力得到进一步的提高。

三、有效利用各方资源，联合攻关

在很多情况下，事情不能等到条件完全成熟，具备了知识、能力才去做，可以边学边做。没有条件创造条件，只要他有兴趣、有激情，就足够了。这个时代提倡广泛的协作和联合攻关。只要具备可行性，就要坚定不移地走下去。对于蝴蝶翅膀形态、结构的研究需要在高倍的显微镜下观察，我们联系到了广州市纺织工业研究所；保暖性织物最终还要进行保暖率的检测，本校又缺乏检测仪器，经多方联系，我们联系到了广东纺织职业学院纺织品检测中心。所有这一切都证明，世上无难事，只怕有心人。

四、教师在设计过程中适时检查监督

大学四年级的下学期，学生面临着毕业设计、就业选择等众多的问题，许多用人单位为了保护自身利益，在决定用人之前，也要求学生先到本企业实习，双方相互考察，再最终签下协议。将过去企业对新员工的入职培训期提前

到学生毕业之前，即在双方签署协议之前，在每年的三四月份要求学生进入企业进行为期一个月的实习。而这个时期正逢毕业设计阶段，学生的心态不稳定，往往难以统筹兼顾、合理安排时间，很难安下心来进行毕业设计。他们往往选择在实习结束后再返校进行毕业设计，使实际的毕业设计时间由两个半月减少到一个半月。如何在这样短的时间内保质保量完成毕业设计呢？首先在完成设计方案的同时，制定合理的时间计划，在设计过程中教师适时检查进程，检查质量，起监督作用，保证计划按时圆满完成。只有这样，才能使设计顺利进行。

在设计过程中，体会他们的喜悦，观察他们情绪的变化，在成功地解决困难时，要及时给予赞扬；在情绪低落时，也要及时开导与鼓励，使他们在设计过程中始终处于快乐之中，使设计成为一种快乐的体验。

五、在指导过程中要坚持因材施教

对于本身有主见、有想法、接受能力较强的同学，重点在于启发、引导，多给他们时间独立解决问题，培养他们的自信心，将来走上工作岗位可以独当一面。对于那些本身基础较差的同学，可能就要参与设计，与他共同探讨解决问题的方法，共同克服前进中遇到的困难。在设计方案的设计中要注意将创新设计和定型设计有机地结合，强调先后方案间的联系性，即可在完成前一个方案基础上启发他们如何再进一步改进。由于前后相关，而且有一个明确的设计目标，且已积累了一定的实践经验，当他们在进行下一步改进时就会觉得并不是束手无策，自己也可以解决了。使他们从中体会到成功的喜悦，同时也增强自信心。

艺术生同工科学生相比，工科生做事想问题很理性，强调先有可行研究再去做，做事谨慎、小心。而艺术生往往更多的是出于兴趣，根本不考虑自己的知识结构是否具备这样的能力，善于挑战，这也正是他们的闪光点。同时也给毕业设计指导增加了很大的难度。

在科技飞速发展、信息爆炸、学生的思维更加活跃的年代，作为高校的教师，更要注意跟上时代的步伐，勇于挑战自我、超越自我，肩负起教书育人的责任。

毕业设计作品赏析一

多臂织物设计

作品名称：海·织·韵

作　　者：07级费巍

　　点评：串珠是该设计的最大亮点，我们很难想象本是属于二次再造的串珠效果却可以诞生在一次成型的多臂织物当中，学生利用半自动织机完成了这项设计要求，并成功地探讨研究了织物与壁纸设计结合的可行性。

毕业设计作品赏析一

多臂织物设计

作品名称：跳动的旋律

作　　者：07 级陈玉冰

　　点评：在半自动织机上利用表里经的送经量的差异，织物表面形成隆起的波浪状效果。如果作者可以做得更大胆一些，这些织物未尝不会成为很好的现代服用面料产品。

毕业设计作品赏析一

多臂织物设计

作品名称: 空迹

作　　者: 07 级潘锦珠

　　点评: 将针织与机织进行嫁接是该学生的设计出发点, 因此有了我们从未见到过的创意织物, 也许我们的织物工作室中所诞生出来的设计作品, 完完全全可以形成独特的艺术风格, 创作出一份出色的艺术作品。艺术和设计本来就是彼此相通、彼此影响的。

毕业设计作品赏析一

多臂织物设计
作品名称：逗你玩
作　　者：08 级邹银芳

　　点评：《逗你玩》从仿生设计角度出发，让豆与豆荚形成该创作
的设计题眼。作者充分发挥弹力纱的收缩作用，将织物设计形成一个
主题系列，该作品有力地表现出主题灵感对织物设计的决定性作用，
利用艺术设计的独特视角总能给织物设计带来丰富的视觉效果，同时
努力尝试用什么样的工艺将其实现，这就是力与美的独到之处。

毕业设计作品赏析二

纹织物设计

作品名称：20101112

作　　者：06 级邓树海

点评：2010 年 11 月 12 日亚洲运动会在广州召开，本届亚运会的理念是"激情盛会，和谐亚洲"。为纪念本次盛会，特设计亚运题材的织锦画《20101112》。这是由 5280 根经线和 12180 根纬线团结互助融和成的画面。

该作品在素材上主要选择曾经和即将举办亚运会的国家的有代表性的建筑和文字，在构图上采用中国古典山水画的样式。在材料上采用了低成本的有光低弹网络丝，经纱是 75D，纬纱 150D。经纬密度是 60×20（表）根 / cm，采用重纬结构。本作品共有 60 个不同的组织。尺寸 54×183 cm。

设计难点主要在于意匠分色。在织锦画设计中，意匠分色是一个重要环节。如果分色数量多则增加了组织设计负担，但太少则影响画面的层次。因此，运用耐特纹织 CAD 进行分色，再将色标调入浙大 CAD 中设计组织、调整组织，通过模拟比较调整组织，最终达到设计的色彩效果。

纹织物设计过程是不断解决问题的过程。在设计过程中很好地利用不同软件的优势，完成设计是非常重要的。另外，对于织锦画而言，和其他纹织物最大的差别是色彩层次多。在组织设计上难度很大。如果将分得的色设计成有一定递进关系的色标，再通过组织设计模拟、比较、调整，就能够在短时间内配好相应的所有组织，使组织设计不再是一件痛苦的事，而是比较轻松的事。

毕业设计作品赏析二

纹织物设计

作品名称：Touching and Feeling

作　　者：06 级邵招　邝春婷

　　盲人家纺面料设计，设计遵循"以人为本"的设计宗旨，利用盲人敏锐的触觉，将可触摸识别的盲文与家纺面料设计有机结合，从功能、触感、材料、纹样、色彩等使用细节上充分考虑盲人的特殊需求，设计了本款可供盲人识别的，具有丰富情感，体现人文关怀的装饰面料。该设计在组织上采用重纬结构和多层填芯结构，使盲文凹凸变化明显。

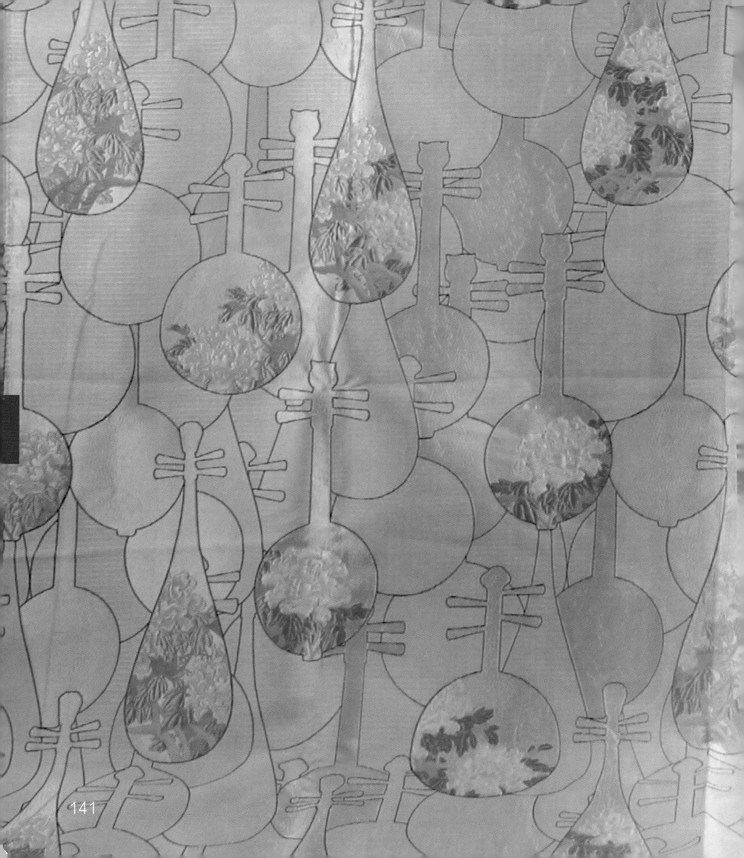

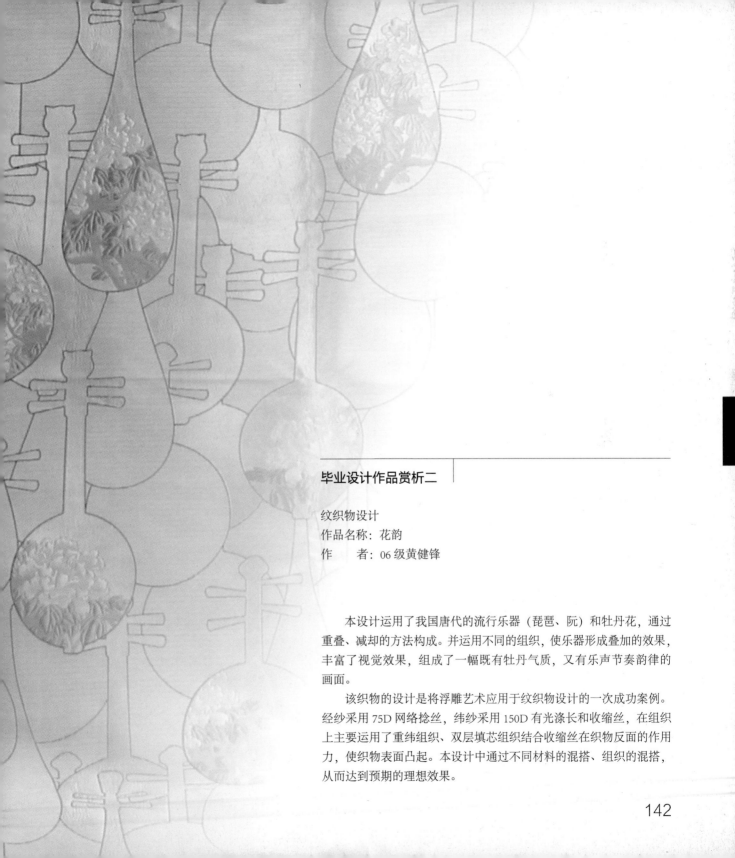

毕业设计作品赏析二

纹织物设计

作品名称：花韵

作　　者：06级黄健锋

　　本设计运用了我国唐代的流行乐器（琵琶、阮）和牡丹花，通过重叠、减却的方法构成。并运用不同的组织，使乐器形成叠加的效果，丰富了视觉效果，组成了一幅既有牡丹气质，又有乐声节奏韵律的画面。

　　该织物的设计是将浮雕艺术应用于纹织物设计的一次成功案例。经纱采用75D网络捻丝，纬纱采用150D有光涤长和收缩丝，在组织上主要运用了重纬组织、双层填芯组织结合收缩丝在织物反面的作用力，使织物表面凸起。本设计中通过不同材料的混搭、组织的混搭，从而达到预期的理想效果。

毕业设计作品赏析二

纹织物设计
作品名称：折纸对立体织物设计的启发
作　　者：07 级陈斯崇

点评：该作品利用氨纶的收缩强力使得布面发生扭曲折叠的力学效应，正是体现了作者在折纸过程中对平面到三维立体空间转化的体验过程。当然这块面料的工艺设计具有一定难度，学生也是在工艺指导老师的不断帮助下一起完成的。但是这件纹织物设计作品已经远远打破了常规性的纹样描摹或是凹凸织物的局限，而是将折纸艺术大胆地借鉴到纹织物的工艺创作环节中。

143

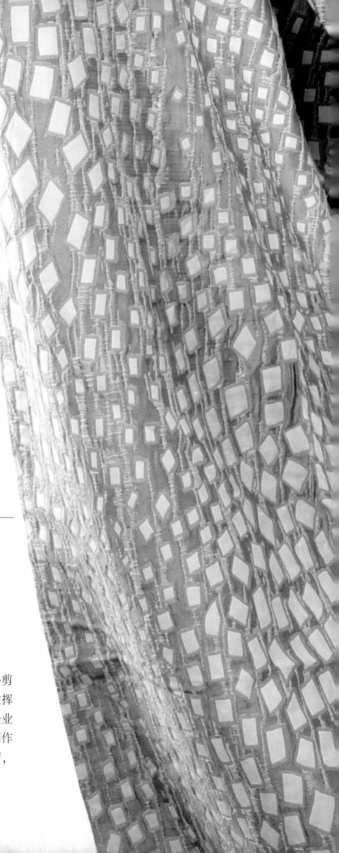

毕业设计作品赏析二

纹织物设计
作品名称：灰常织物
作　　者：07级李伟琼

点评：该生的作品不仅仅局限于一种工艺的设计模拟，而是将剪花工艺大量引入到纹织物的设计创作中来，将重纬织物的特殊性发挥得淋漓尽致。因此该织物在当年的深圳家纺展览过程中就被相关企业相中，并有意进行批量投产。这意味着学生们带有原创性的毕业创作作品已经开始跟市场结合得相当之紧密，并有希望进行批量化生产，这对我们教师指导团队无疑是一个巨大的鼓舞。

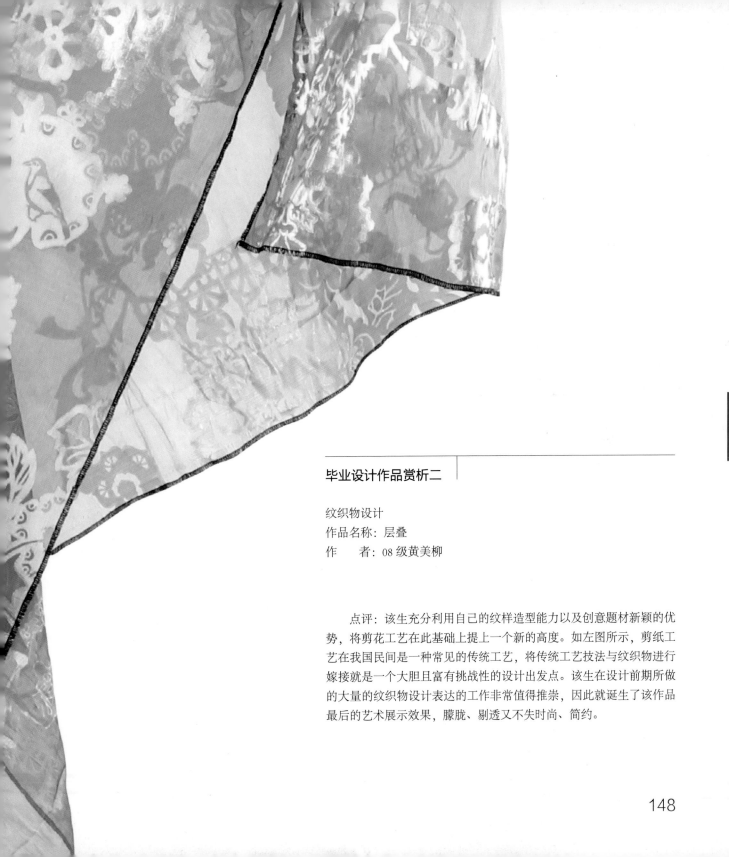

毕业设计作品赏析二

纹织物设计
作品名称：层叠
作　　者：08 级黄美柳

　　点评：该生充分利用自己的纹样造型能力以及创意题材新颖的优势，将剪花工艺在此基础上提上一个新的高度。如左图所示，剪纸工艺在我国民间是一种常见的传统工艺，将传统工艺技法与纹织物进行嫁接就是一个大胆且富有挑战性的设计出发点。该生在设计前期所做的大量的纹织物设计表达的工作非常值得推崇，因此就诞生了该作品最后的艺术展示效果，朦胧、剔透又不失时尚、简约。

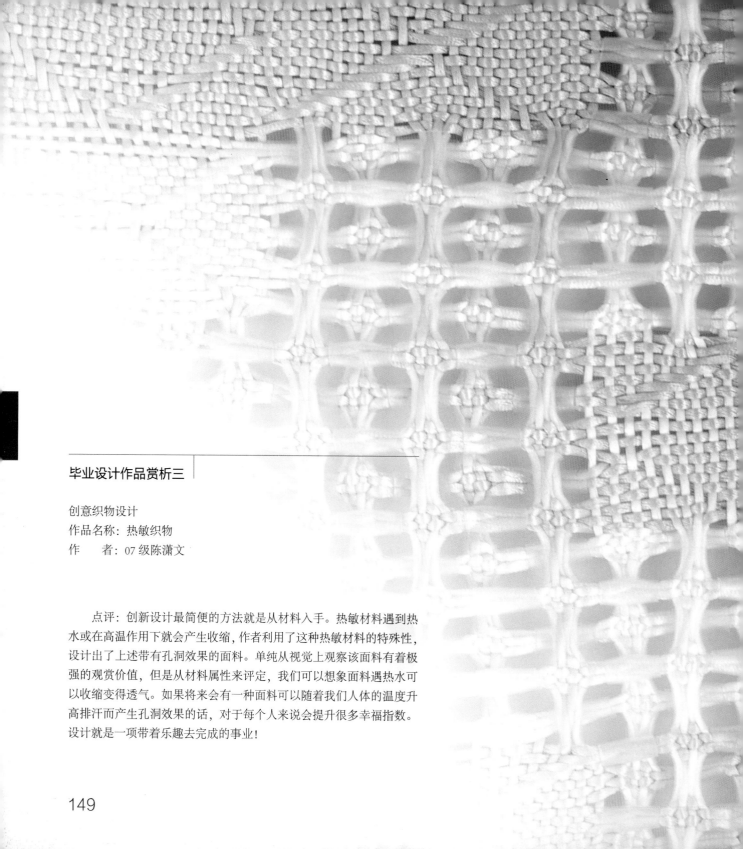

毕业设计作品赏析三

创意织物设计
作品名称：热敏织物
作　者：07级陈潇文

　　点评：创新设计最简便的方法就是从材料入手。热敏材料遇到热水或在高温作用下就会产生收缩，作者利用了这种热敏材料的特殊性，设计出了上述带有孔洞效果的面料。单纯从视觉上观察该面料有着极强的观赏价值，但是从材料属性来评定，我们可以想象面料遇热水可以收缩变得透气。如果将来会有一种面料可以随着我们人体的温度升高排汗而产生孔洞效果的话，对于每个人来说会提升很多幸福指数。设计就是一项带着乐趣去完成的事业！

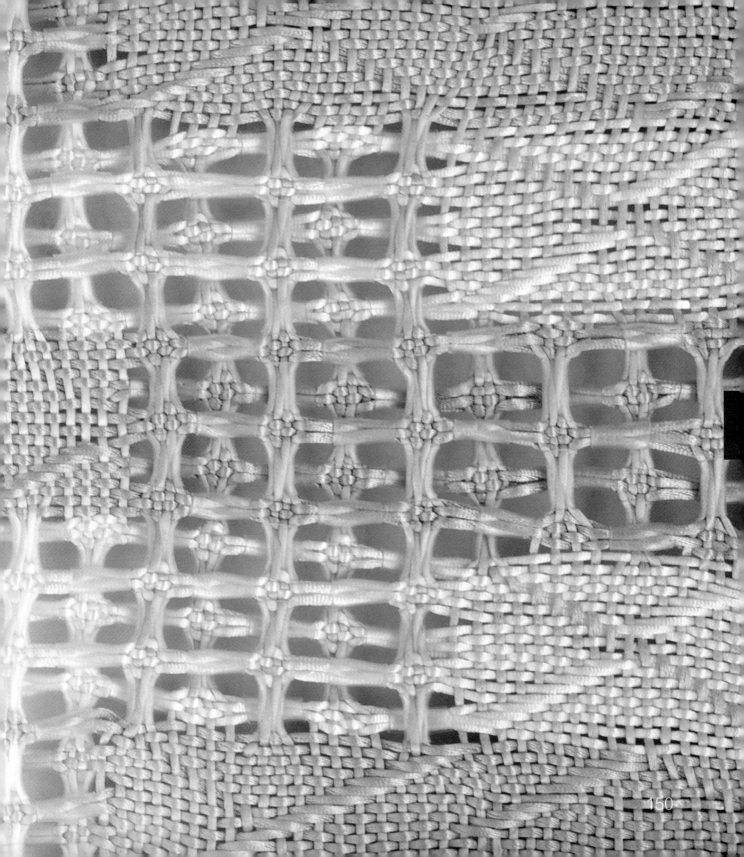

2012 年 9 月 28 日至 2012 年 11 月 7 日间，织物设计工作室与交通工具设计工作室合作承担了 2022 年面向中国市场的捷豹路虎车的设计。这是英国捷豹路虎设计团队与中国高校的第一次合作，也是织物设计工作室与交通工具设计工作室的首次合作。交通工具设计工作室的学生主要承担了车的外观和内饰的设计，织物设计工作室的学生主要承担了车的材料和色彩的设计。但并非是为已经设计好造型的车设计材料和色彩，而是通过造型设计者和材料设计者的合作，相互启发，实现主题的设计。学生们通过对捷豹路虎车的特点的分析、中西文化的对比、未来生活方式的预测、新材料新技术的研究提出设计主题，并从造型、色彩、材料对主题进行演绎。在短短的五周内，学生们做了大量的调查对比分析工作，同时交通工作室的学生对于汽车造型进行了大量的设计构想，织物工作室的同学对于 2022 年未来的新车的材料进行大胆的创意，深受英国设计师们的好评。

广州美术学院教师指导小组：
  设计部分：邓海山
  色彩与材料部分：金英爱　阎秀杰

英国捷豹路虎设计团队指导小组：
捷豹组
Simon Tovey（设计部分）
Marie Parsons（色彩与材料部分）
路虎组
Lee Perry（设计组）
Joanna Lewis（色彩和材料部分）

Nature | fresh | Energy | technology | coolly

主题：天人合一
汽车外形设计：李哲晟
汽车内饰设计：李维
色彩、材料设计：聂曲聆

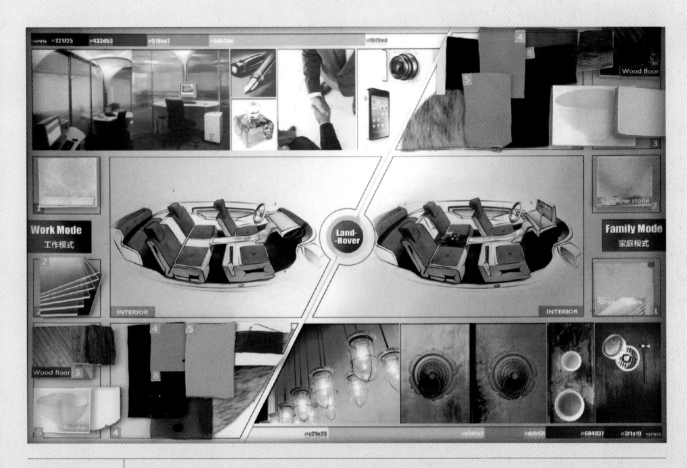

主题：顶

汽车外形设计：王沛韩

汽车内饰设计：刘帧祥

色彩、材料设计：陈丰

2. 室内装饰织物开发实践
Practice of Interior Decoration Fabric Development

为推动中国纺织行业原创设计水平的提高，努力与国际先进水平接轨，培养具有创新意识和经营理念，并有较强实际操作能力的织物设计专门人才，广州美术学院设计学院染织艺术设计系与广州市源志诚家纺有限公司共同于2007年12月1日组建广美·源志诚织物设计工作室，前期投入近十二万，每年均有项目经费的投入。设计人员主要由织物设计工作室专业教师及在读本科生组成。广美·源志诚织物设计工作室的建立，通过院校与企业合作进行产品开发，共同攻关，一方面实现了院校服务地方经济建设的职能；另一方面大大改善了教学条件，推进了染织艺术设计系工作室教学模式的进程，也为广美工业设计学院工作室制的教学模式的全面施行积累了经验。同时在教学中实际课题的引入，使科研与教学相结合，锻炼了师生解决实际问题的能力，提高了科研水平。

主要表现在：

1. 制定了完善的《工作室管理制度》、《岗位职责》，并与新入职的人员签订了《承诺协议书》。

工作有月计划、月总结、日记录、月汇总、年总结，使工作室能够按照既定目标，不断总结，寻找差距，不断提出新的努力方向，使工作室设计人员的专业素质、设计能力得到不断提高。根据工作室设计人员身份的多重性，他们既是教师、学生，同时又是设计人员，为了保证设计的质量，实行弹性工作制。同时为了使设计人员的专业素质得到全面提升，自2010年9月开始实行工作室设计人员与公司设计人员共同参加的月技术交流会制度，使在设计开发中积累的经验得到及时交流，同时在设计中遇到的问题能得到及时商讨解决。

2. 承担了广州市源志诚家纺有限公司设计部下达的各项设计任务。

自2007年12月起，工作室全体设计人员面对各项设计任务，能够本着为企业负责，想企业所想的态度，及时与设计部设计师沟通，领会设计要求，努力探索解决设计过程中遇到的难题，按时保质保量地完成任务。到2011年1月，所承接装饰面料设计任务共76项，涉及提花工艺、印花工艺和绣花工艺，目前已按设计部的设计要求完成73项，并投入生产。还有三项，正处于调整完善阶段。

3. 对公司在生产过程中遇到的实际问题，能够积极主动组织人员投入研究，制定方案，加以解决。

在织物的设计生产过程中，常会遇到各种各样的问题。如在提花面料设计过程中意匠设计问题、材料选择问题、组织配置是否能够合的问题、窗纱的纰丝问题、如何降低成本的问题等等。在设计实践中面对各种问题，能够组织设计人员积极探讨解决的方案，使各种新问题不断得到解决，提高设计质量。由于本工作室的设计人员均具有双重身份，因此在完成设计项目的同时，在设计思维、设计方法、设计手段等方面进行研究探索、总结，同时利用校际交流，提高设计理论水平。

4. 工作室的成立，改善了教学条件，提高了教学质量。

（1）广州市源志诚家纺有限公司于 2006 年 7 月购置耐特公司的纹织 CAD 一套，支持教学，并负责软件日后的升级培训的一切费用。该软件于 2006 年 7 月开始用于织物设计专业的教学中。2007 年 12 月广美·源志诚织物设计工作室的正式建立，广州市源志诚家纺有限公司再购置浙大经纬纹织 CAD 软件（标准版）一套，设计师模拟软件一套及网络版纹织 CAD 软件支持教学。并在大学城织物设计工作室建立纱线库、样板库，用于教学。这一切大大改善了教学条件。在教学和设计实践中不断研究挖掘软件的设计潜力，取各软件之长，补其之短，极大地推动了产品研发的进程。

（2）在织物设计人才培养过程中如何调动学生的学习兴趣，并使之保持是非常重要的。广州市源志诚家纺有限公司根据其企业产品开发的需要，分阶段提出相应的开发课题，并设立项目研究基金，用于工作室的项目研发经费，织物设计工作室根据不同年级学生的学习培养任务分配任务，方便不同年级的学生共同参与项目的开发。实际课题的引进，调动了学生的学习热情，拉近了理论与实际的距离，提高了教学质量。2010 年 12 月公司又投入项目研发经费一万元用于教学，使织物工作室的全体同学都能够参与实际项目的研究与设计，对织物设计人才的可持续培养起着重要的作用。

（3）广州市源志诚家纺有限公司生产基地作为染织艺术设计专业的校外教学基地，可根据教学需要安排参观和进行短期实习。自 2006 年以来已有七个教学班 164 人前往西樵织造厂进行参观和专业实习。

（4）工作室的成立也为广州美术学院工业设计学院工作室制教学模式的确立和实施发挥了积极作用。通过几年的努力，广美织物设计工作室在教学上已建立起了鲜明的教学特色，即在保证知识的系统性前提下，对于难理解的课程进行打散，多阶段教学；双师教学；将科研融入教学中，培养学生通过观察思考提出问题、分析问题、解决问题的能力；通过虚题研究探索，培养学生的创造思维和原创设计的能力；通过实题设计，培养学生的市场意识和自主创新的能力。2010 年培养出广美第一届织物设计方向本科毕业生、研究生，为企业培养一批工与艺兼备的织物设计人才。在毕业设计展中展示出了毕业设计作品双面提花织物设计、保暖面料设计、可塑性织物设计、盲人用织物设计、织锦画设计、民间织锦再设计、立体织物设计等，受到行业专业人士的好评。

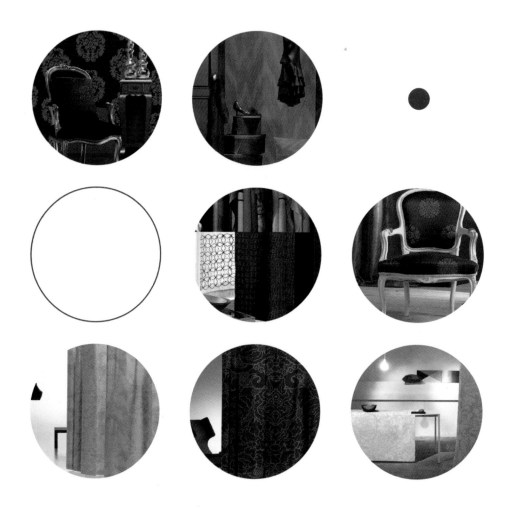

设计团队：金英爱　阎秀杰　吴琴　黄子芮　周小婷
织物类型：提花面料
开发及投产时间：2008 年 10 月

广美·源志诚织物设计工作室

设计团队：金英爱　阎秀杰　吴琴　黄子芮　周小婷
织物类型：提花面料
开发及投产时间：2008 年 12 月

设计团队：金英爱　阎秀杰　吴琴　黄子芮　周小婷

织物类型：提花面料

开发及投产时间：2009 年 3 月

设计团队：金英爱　阎秀杰　吴琴　黄子芮　周小婷

织物类型：提花面料

开发及投产时间：2008 年 4 月

广美·源志诚织物设计工作室

设计团队：金英爱　阎秀杰　吴琴　黄子芮　周小婷
织物类型：提花面料
开发及投产时间：2009 年 5 月

设计团队：金英爱　阎秀杰　吴琴　黄子芮　周小婷

织物类型：提花面料

开发及投产时间：2008 年 9 月

自 2012 年 7 月开始组织编写广州美术学院工业设计学院教学改革系列丛书《非常经纬 ——织物设计工作室教学实录》以来，历时半年，我们对于自 2008 年施行工作室制教学模式以来的教学成果进行分析总结，并对学生的作品进行了筛选。希望通过这本书的编辑，能够呈现织物设计工作室这几年的教改思路和教学改革的成果，即将工与艺结合，在虚题虚做、虚题实做、实题虚做、实题实做的实践过程中使学生掌握织物设计程序、设计理论、设计技能，培养设计的能力。它将是一本具有探索性和对实际教学和设计具有指导、参考意义的织物设计教学和参考书。

在织物工作室的教学过程中，多年来得到了广州市源志诚家纺有限公司、源志诚织造有限公司、广东玉兰装饰材料有限公司、广东省广美玉兰软装艺术创意研究院的大力支持，借此表示衷心的感谢！

同时感谢广州市源志诚家纺有限公司设计总监梁丽韫对织物工作室教学工作参与指导！感谢染织设计专业基础教研室高树立老师对于工作室教学工作的参与与支持！感谢家纺设计工作室霍康老师对于工作室教学工作的关注与支持！

感谢美术教育学院 2007 级区然对本书进行的精心编排！感谢摄影专业 2011 级的蔡昭君、谢岁玉对学生设计作品的拍摄！

相信织物工作室的未来充满阳光！

图书在版编目（CIP）数据

非常经纬 / 金英爱等编著．—上海：上海人民美术
出版社，2013.8
（广州美术学院工业设计学院教学改革系列丛书）
ISBN 978-7-5322-8362-0

Ⅰ.①非… Ⅱ.①金… Ⅲ.①织物—设计—高等学
校—教材 Ⅳ.① TS105.1

中国版本图书馆 CIP 数据核字（2013）第 149326 号

广州美术学院工业设计学院教学改革系列丛书

非常经纬——织物设计工作室教学实录

编　　著：金英爱　阎秀杰　曲微微　高树立
责任编辑：邵水一
装帧设计：区　然
技术编辑：朱跃 人民美术出版社
出版发行：上海人民美术出版社
　　　　　（上海长乐路 672 弄 33 号）
　　　　　邮编：200040　电话：021-54044520
网　　址：www.shrmms.com
印　　刷：上海华教印务有限公司
开　　本：889×1194　1/20　9 印张
版　　次：2013 年 8 月第 1 版
印　　次：2013 年 8 月第 1 次
印　　数：0001-2250
书　　号：ISBN 978-7-5322-8362-0
定　　价：58.00 元